諏訪貴子
町工場の星
日経BP

町工場の星

はじめに

「町工場の星」――。気恥ずかしいのだが、東京・大田区の町工場、ダイヤ精機で社長を務める私は、メディアなどでこう呼ばれることがある。

ダイヤ精機はゲージ（測定具）や治工具、金型部品などの設計・製造を請け負う町工場だ。ミクロン（1000分の1ミリ）単位の超精密加工を得意とする。金属の精密加工技術に関しては、日本でもトップクラスと自負している。

創業者である父の急逝を受け、専業主婦だった私が2代目の社長に就任したのは2004年のことだ。

以来、私はダイヤ精機を「ザ・町工場」にしたいと考えてきた。「ザ・町工場」とは、ヒト、モノ、カネの経営資源が限られる中で、高い機動力を発揮し、顧客の要望に合う製品を確実に供給し続ける存在である。

若返りで職人の技術を継承

実は、ダイヤ精機は私が社長に就任した当時、経営難の状態にあった。バブル崩壊後から続く業績低迷を長年改善できずにいたのである。私は社長就任と同時に、ジリ貧状態にあったダイヤ精機の経営改革に着手した。

苦渋の決断で社員5人のリストラに踏み切った。社員たちの反発に遭いながらも、「意識改革」「チャレンジ」「維持・継続・発展」を目的とする「3年の改革」を行った。その中で、他の町工場に先駆けてバーコードを活用した生産管理システムも導入した。思い切った取り組みを敢行した結果、ダイヤ精機の業績はV字回復し、再生を果たすことができた。

続いて、私はものづくりの経験のない若者の採用・育成に注力した。

社員の6割以上が50代超だった「超高齢組織」を若返らせるのが狙いだ。今では、現場で働く職人の過半数が30代以下になった。逆ピラミッド型の組織がピラミッド型に見事に生まれ変わったのである。

これらの取り組みが評価され、私は2012年に雑誌「日経ウーマン」の「ウーマン・オブ・ザ・イヤー」に選んでいただいた。

今、かつてのダイヤ精機と同様、経営難に陥ったり、職人の高齢化で技術が継承できなくなったりと、苦しい状況にある町工場は多い。その町工場にさらに人手不足という難問が襲いかかっている。

高齢化や人口減少を受け、国内ではありとあらゆる産業で人手不足が問題となっている。中でも、「3K（きつい、汚い、危険）職場」と捉えられがちなものづくりの現場の人手不足は深刻だ。

人手不足に悩んだことは一度もない

幸いなことに、ダイヤ精機は人手不足に悩んだことは一度もない。

独自の工夫で育成してきた〝ダイヤ精機製〟の社員たちが定着しているからだ。

中小企業によるものづくりの衰退が強く懸念される中で、ダイヤ精機は超精密加工技術を維持しながら、若手社員の活躍によって「持続可能」な状態をつくることができた。まさに、私が目指してきた「ザ・町工場」に着実に近づいている。

ダイヤ精機は社員30人弱の小さな町工場にすぎない。だが、小さいながらも、日本のものづくりに一筋の光を与える存在にはなっているのではないかと思う。私を「町工場の星」と呼ぶ人がいるのは、そうしたダイヤ精機の現状を高く評価してくださるからだ。

社長就任以来、私は何を考え、何を変え、何を実現してきたか――。逆境の中で奮闘する多くの町工場経営者に知ってもらい、それぞれの経営に役立ててもらいたいと、私は２０１４年に『町工場の娘』、２０１６年に『ザ・町工場』という2冊の書籍を刊行した。

思いがけないことに、２０１７年にはＮＨＫで『町工場の娘』を原作としたテレビドラマ「マチ工場のオンナ」が制作・放送された。内山理名さんや舘ひろしさんが出演し、松田聖子さんが主題歌を歌ったこのドラマの反響は、とても大きかった。その後も「ＮＨＫアーカイブス」に収められ、今もオンデマンドで見ることができる。

とはいえ、前著からの10年、ダイヤ精機が順風満帆に進んできたかといえば、残念ながらそうとばかりはいえない。

ベテランの技術を若手に継承したものの、生産性低下という予想外の事態が起きた。信頼していた幹部社員の退社というショックな出来事もあった。新型コロナウイルス感染症に端を発する世界的な半導体不足の影響で、需要の激減にも直面した。

それらの一つひとつに対処しながら、ダイヤ精機は今日も収益力を高め、技術を磨き上げるための努力を続け、一歩一歩前進しようとしている。

ダイヤ精機が今、どんな技術を保有し、どんな作業を請け負っているのか。私はどんな決断を下してきたのか。この本では、「ダイヤ精機の現在地」を余すところなく記したい。

中小企業の経営者をはじめ、様々な苦悩に直面しつつも日々奮闘している方々に少しでも参考になれば幸いだ。

2024年春　諏訪貴子

目次

常にパイオニアを目指してきた／ノミの心臓に毛が生えている／スケールアップのためにリミッターを外す／「まあ、なんとかなる」は魔法の言葉／テレビ出演もスケールアップのチャンス／経験の蓄積が自信につながる／麻生元首相への直訴がきっかけに／目立たなければ主張は通らない／〝素〟を引き出したコミュニケーション／年間80回の講演も全力で／厳しいアンケート結果を見て一念発起／ストーリー性、ドラマ性を重視／スタッフと一緒に受付に立つ／ライブと同じ一体感が重要／迷う女性たちの背中を押す／「大きくなあれ」で受け流す／つらい時こそ成長のチャンス／パニック障害で最大のピンチに／一度きりの人生、「今を楽しむ」／自分のためにお金を使おう／いつでも「ありがとう」を伝える／毎朝「いいことあるかな？」と口にする／「おかみさん」のように見守る／夢は「諏訪塾」とユーチューバー

【第1章】「町工場の星」の現在地

東京・大田区に本社を構えるダイヤ精機は社員29人の町工場だ。製造、設計、営業などの部門から成る。

製造部門は本社工場と矢口工場という2つの工場でものづくりに励む。金型部品の加工を手がけるほか、部品の寸法を計測するゲージや、加工する部品を適切な位置に誘導・固定する治工具などを製造する。

矢口工場では鉄などの塊をある程度の形に切り出す「切削」作業を、本社工場では矢口工場で切り出した製品を決まった寸法にミクロン（1000分の1ミリ）単位で仕上げる「研磨」作業を手がけている。

現場で働く職人は本社工場に10人、矢口工場に9人いる。年代は20～70代と幅広い。その全員が金属の精密加工で国内トップクラスの技能を有する。

中でも、手仕上げで精度を出しながら磨き上げる「ラップ」と呼ばれる研磨の技術水準は極めて高い。ラップ研磨は多くの先人たちが築き上げてきた日本ならではの職人技で、ドイツなどごく一部の国を除き、海外の製造業には真似ができない。

こうした技術を後世に残していくことが、ダイヤ精機の、そして社長である私の使命だと考えている。

大田区の町工場は3分の1に

ダイヤ精機のある東京・大田区は、日本でも有数のものづくりの町として知られる。自動車、電機、医療、航空・宇宙など幅広い産業の研究開発や技術開発に貢献する町工場が集まる。高度経済成長期以来、日本の製造業の屋台骨を支えてきた地域だ。

だが、その様相はここ30年ほどで大きく変わった。

１９９０年代以降、バブル崩壊、円高、リーマンショック、東日本大震災と苦境が続いた。最近では新型コロナウイルス感染症の拡大や、それに伴う世界的な半導体不足という出来事もあった。

その過程で、多くの中小・零細企業が事業を継続することが困難となり、経営破綻してしまった。職人の高齢化や後継者不足によって廃業を選択した町工場も多い。経営破綻や廃業には至らずとも、「地価の高い大田区では事業を続けられない」と、東京都下や地方に移転した仲間もいる。

最盛期の１９８０年代には、大田区の町工場の数は９０００を超えていたといわれている。だが、今ではその数は3500ほどにまで減少した。

ある調査によると、残った3500ほどの町工場の7割は、従業員数10人未満だ。職人の高齢化が進む中、今後の事業継続が危ぶまれる町工場も少なくない。

そんな中、ダイヤ精機は2つの工場で、幅広い年代の職人が日々作業に勤しんでいる。主要取引先には大手自動車メーカーを筆頭に、日本の製造業を代表する大企業が名を連ねる。日本のものづくりに欠かせない町工場として、今も一定の存在感を発揮している。

ダイヤ精機の主力製品は、創業以来、製造を続けているゲージだ。ゲージは、一般にはあまりなじみがない製品だが、ものづくりにおいて極めて重要な役割を果たしている。

ゲージとは、簡単に言えば、部品の寸法が要求精度内にあるかどうかを計測するための道具である。

製造業に詳しくない人に、ゲージがどういうものかをイメージしてもらうため、私はよく「賀茂なす」を使って説明している。

京都名産の賀茂なすは、大きく丸いことを特徴とする。デパートでは贈答用に箱入

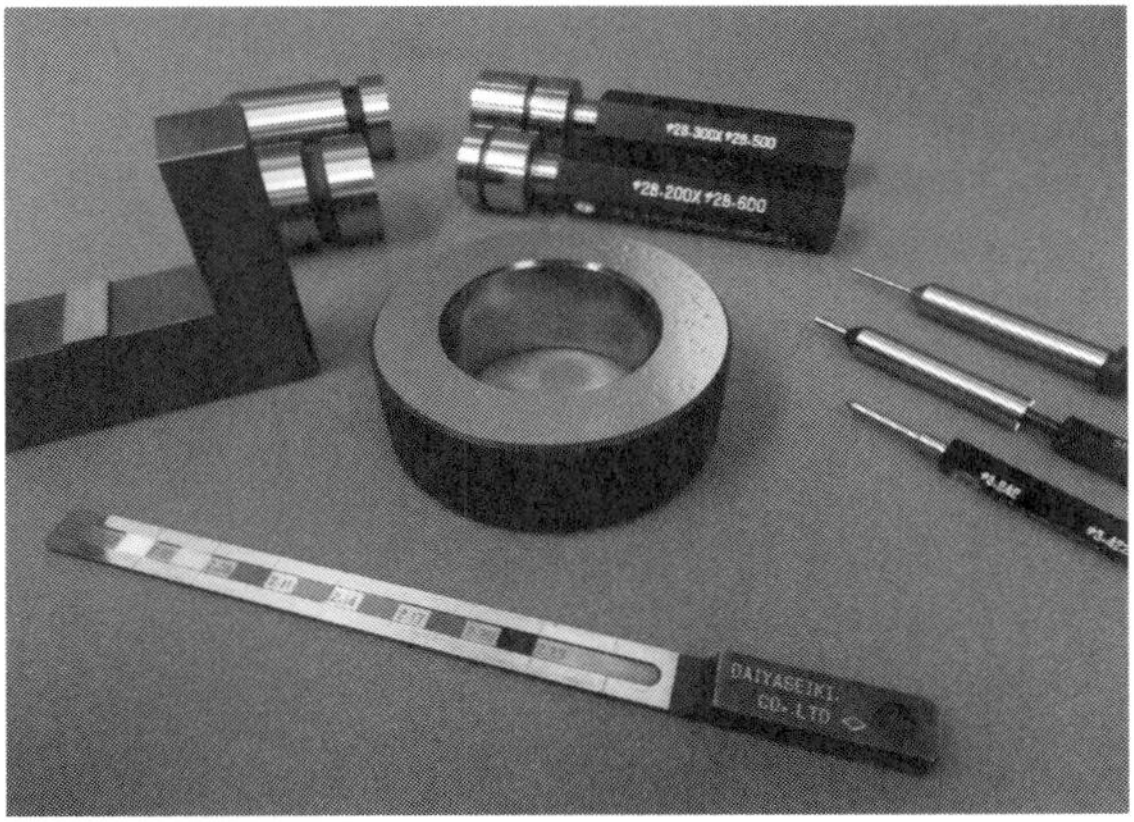

ダイヤ精機の主力製品であるゲージ類

りで売られている高級品だ。その分、サイズの規格は厳しく、贈答用の箱には直径10～12センチのなすだけを選んで詰める。

だが、なすのサイズを一つひとつ、ものさしで測っていては時間がかかる。そういう時は、2種類の鉄製の輪を使えば作業がラクになる。1つの輪は直径10センチ、もう1つは12センチ。賀茂なすをこれらに通して、12センチの輪を通り抜け、10センチに引っかかれば、規格内であることがわかる。

　この鉄製の輪が、言ってみればゲージである。仕上がり寸法の誤差範囲（許容限界寸法）の上限と下限でつくり、製品の寸法がこの間にあるかを検査する。こういう種類のゲージを「限界ゲージ」という。

ダイヤ精機が得意とする製品の1つが、穴の内径を測る限界ゲージだ。部品の穴に「通り栓」が入り、「止まり栓」が入らなければ、規格に合っているとわかる。

〝神の手〟でミクロン単位の精密加工

部品の寸法が要求精度内にあるかどうかを計測するゲージの製造には、熟練工のミクロン単位の加工・研磨技術が欠かせない。中でも、世界中の工場でつくられる部品の寸法基準となる「マスターゲージ」は、1ミクロンでも寸法が違えば不良品になるほどの精密精度が求められる。

1ミクロンはタバコの煙の粒子1個分ほどしかない。普通の人は1ミクロンの段差をつけた鉄の板を触っても、違いを感じ取ることは難しいだろう。硬いと思われている鉄でも、1ミクロンなら、温かな人間の手が触れると変わってしまう。

それほどわずかな違いを、熟練の職人たちは指先の感触、機械音、飛び散る火花などで判断しながら、加工を進める。まさに〝神の手〟だ。日本国内を見渡しても、こ

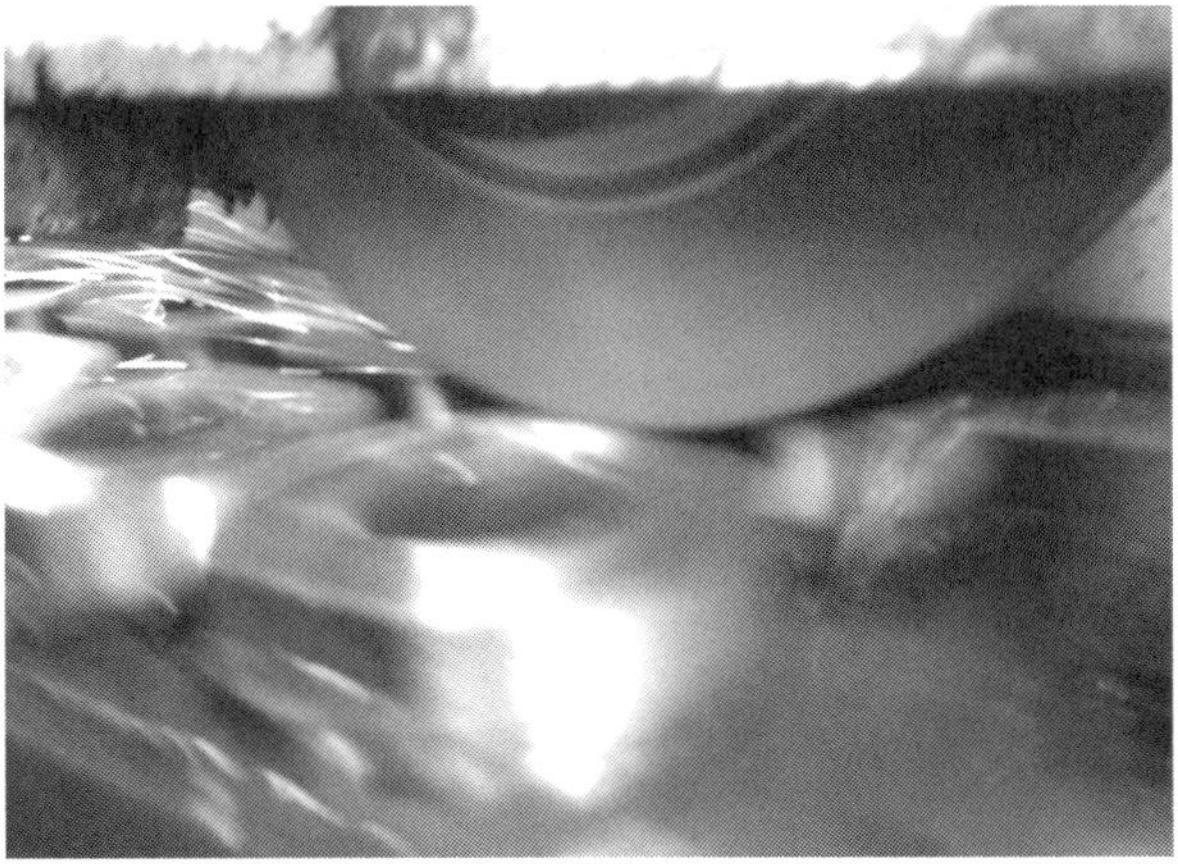

円筒研削加工（上）や平面研削加工（下）など金属の精密加工技術は日本でもトップクラスだ

のレベルの超精密加工ができる企業は多くない。ダイヤ精機は規模こそ小さいものの、そういう超一流の技術を身につけた職人たちを抱える町工場なのだ。

製造したゲージは、ものづくりの現場で大いに活用されている。

ダイヤ精機の主要取引先である大手自動車メーカーは、多くの部品を組み上げて完成車をつくる。その部品を精密に製造するために、多種多様なゲージを使っている。

自動車を大量生産するためには、部品の寸法や角度が所定の値になっていることが必要だ。測定箇所は1カ所ではない。完成品ですべて測定するのでは何日もかかってしまう。そこで加工途中でゲージを使い、寸法通りか否かを確認する。

国内の自動車メーカーは、部品ごとに専用のゲージを導入している。ピストンだけでも、60種類以上のゲージがあるといわれる。現在、取引先の大手自動車メーカーの1つの工場では、生産ラインで使っている9割のゲージがダイヤ精機製という。

ハイリスクのゲージが救世主に

ダイヤ精機が主力としているゲージは、金型部品など他の製品に比べ、景気の影響を受けにくい。

例えば、景気が悪化し、メーカーが生産量を減らさざるを得ないような局面が訪れたとする。金型部品はその影響で売り上げがすぐに減少してしまう。

一方、ゲージに大きな変化は生じない。景気低迷時にあっても、自動車メーカーは「次に発売する新製品」の研究開発をしている。その新製品の生産準備には、部品のゲージを用意する必要があるからだ。「いずれ規格通りに製品を大量生産する」という事業計画がある限り、ゲージの需要がなくなることはないのである。

私がゲージの需要の手堅さを知ったのは、リーマンショックの時だった。

リーマンショックでは深刻な影響が世界経済を襲った。ダイヤ精機も1カ月の受注が8〜9割も減るという大変な危機に陥った。

「社員全員のリストラ」が頭をよぎるほどの窮地だったが、その後、〃神風〃が吹き、ダイヤ精機は息を吹き返した。急激に進行した円高によって、主要取引先である自動車メーカーは海外生産に舵を切った。それに伴い、海外生産用のゲージの注文が急激に伸び始めたのである。取引先の自動車メーカーは、組み立て工場を日本から海外に移転したが、高い精密加工技術が必要なゲージを海外で調達することはできなかったのだ。

実は、ゲージは万一不良品を出してしまった時のリスクが大きい。ゲージの寸法にごくわずかでも狂いがあれば、大量生産した部品は使えなくなり、巨額の損失が発生してしまう。ダイヤ精機がその損失の一部を負担しなければならない事態に陥ることもある。

そのため、私はゲージの売り上げを全体の2割以内にとどめるように気を配っていた。だが、海外企業に真似のできない超精密加工技術ならば、窮地の時に有効活用しない手はない。リーマンショック後の変化をきっかけに、ダイヤ精機は生産設備を増設しながら一気にゲージ事業の拡大を図った。

一方、国内ではゲージをつくれる町工場が減っている。リーマンショック前後から、超精密加工が必要で手離れが悪く、リスクも高いゲージ事業から撤退する企業が相次いだ。職人の高齢化などで、廃業する同業者もいる。結果的に、ダイヤ精機がゲージ製造を任される機会が増える状況にある。

現在、ダイヤ精機は基本的にはゲージと金型部品で5割ずつの売り上げを目指している。だが、不景気の時などは、景気の影響を受けにくいゲージが売上高の9割を占めることもある。

比較的容易に加工できる製品の受注が減り、超精密加工が必要なゲージの比重が高まれば、売上高は減少する。だが、景気の波を受けやすい製造業にあって、どんな時でも収益の下支えとなる製品があり、手がけるべき仕事を確保できているというのは大きな強みだ。

社員数30人が「最適解」

高齢化と人口減少に伴い、日本ではあらゆる産業で、若年層を中心とする人手不足が大きな問題になっている。特に、製造業における人手不足は深刻だ。

「ものづくりの中小企業に若い人材が集まらない」

様々な場面で、こういう嘆きを耳にする。生産年齢人口そのものが減少しているうえ、製造業には「3K（きつい、汚い、危険）」のイメージが定着していることも影響しているのだろう。

だが、ありがたいことに、ダイヤ精機は人手不足で悩んだことがない。

社員数が29人で、そのうち工場で働く職人が19人という現在の規模は、超精密加工技術を後世に継承するための「最適解」と考えている。そして、今は恒常的にこの人数を維持できている。

社長に就任して以来、私が引っ張れる組織規模は社員数30人程度までと考えてきた。50人、60人に拡大させたら、社内に派閥ができたり、人間関係がうまくいかなったりすることもあり得る。社員一人ひとりの性格を知り尽くしたうえで、コミュニケーションを密にとり、目を配りながら経営をしていくには、30人程度がちょうどいい。

また、今のダイヤ精機には、本社工場と矢口工場に合わせて20台ほどの機械がある。それらを効率良く稼働させるうえでも、職人19人というのは理想的な人数だ。

世間の企業の多くが人手不足にあえぐ中、ダイヤ精機が最適解の社員数を維持できている理由は、「若手社員の定着率の高さ」にある。若手社員が辞めることが少ないのだ。

中小企業の多くが人手不足に悩んでいるのは、「せっかく採用した社員がすぐに辞めてしまう」からだと推測される。辞めた社員を穴埋めしようと求人をかけても、生産年齢人口の減少や高齢化が進む中、応募者はなかなか集まらない。苦労の末、なんとか採用にこぎつけても、その社員が1～2カ月で辞めてしまう。この繰り返しが多いのではないだろうか。

ダイヤ精機にはそれがない。一度入社した社員が長くとどまってくれている。なぜ若い人材が集まり、定着しているのか。それは2007年から積極的に進めてきた「人材の確保と育成」の取り組みが功を奏したからにほかならない。

逆ピラミッド型組織を転換

私が2007年に人材の確保・育成をテーマに取り組みを始めたのは、「このままでは超精密加工技術の継承が危うい」と感じたことが理由だ。

私が社長に就任した2004年の時点では、ダイヤ精機の社員の6割以上を50代以上が占めていた。32歳だった私より年下の社員は3人しかいなかった。社員の平均年齢は53歳。高齢社員だらけの逆ピラミッド型組織で、工場の作業はベテラン職人に頼りきりだった。

ダイヤ精機が製造するマスターゲージなどには、高度な職人技が必要だ。ベテラン社員に頼るばかりでは、年を経て、彼らがいずれ会社を去った時に、技術の空白が生まれてしまうのは明らかだった。

未来を見据え、若返りを図りながら技術を継承する——。これが喫緊の課題だった。人材の確保・育成に取り組み始めた当初は、即戦力になる人物に来てもらおうと、製造業の経験者を中途採用していた。だが、ものづくりの世界では、会社によって仕事の内容もやり方も全く違う。前にいた会社では経験を積んだベテランでも、ダイヤ精機に来てみたら、素人同然ということもある。入社した社員のほうも、「今までの経験が生かせない」「前の会社とやり方が違う」と不満を抱きがちで、長続きしないことが多かった。

〝ダイヤ精機製〟の職人をつくる

ある時、私は当時20代だったYくんに相談してみた。Yくんはものづくりの経験がない状態でダイヤ精機に入社した。ダイヤ精機で仕事を覚え、NC（数値制御）旋盤やフライスなどを使った切削の分野で、若いながらも大事な戦力となっていた。

「新しく採用した人は、どうしてみんなすぐに辞めちゃうのかな。『前の会社と違う』と言って辞めていくけど、うちのやり方ってどこか悪いのかな」

こう尋ねた私に対し、Yくんの答えは明快だった。

「いや、僕はダイヤ精機で育っていて、ダイヤ精機のやり方しか知らないので、悪いところがあるのかどうか、よくわかりません」

この答えにハッとした。

「ダイヤ精機のやり方しか知らない」

そういう社員こそが貴重だと気づいたのである。

それまでの私は超精密加工技術の継承が可能な人材として、ものづくりの知識や経験があることばかりを重視していた。

だが、ダイヤ精機で仕事を学び、ダイヤ精機のやり方になじんだ人材こそ、独自技術を受け継げる人材になり得る。

経験者が違和感を覚えるなら、いっそ未経験者を採用したほうが、すんなりなじんでくれるのではないか。

以来、「〝ダイヤ精機製〟の職人をつくろう」と考えを改めた。製造業の未経験者も構わず採用した。ファストフード、衣料・雑貨店、ホームセンターなど、サービス業や小売業の経験しかなく、ものづくりとは無縁だった人たちだ。

とはいえ、未経験者がいきなりものづくりの世界に飛び込むのはハードルが高い。そこで、ハローワークが導入している「トライアル雇用制度」を利用した。求職者を3カ月間、お試し期間として雇用し、企業側、求職者側が合意すれば本採用が決まるという仕組みだ。

高校や高等専門学校からのインターンシップも受け入れた。毎年夏休みの1カ月間、2～3人を受け入れ、ダイヤ精機の現場を経験してもらった。

こうして、他業界からの転職組、高校や専門学校を卒業した新卒者などを採用し、独自の人材育成プログラムで教育した。2007年以降に採用した若手社員は、これまでに20人ほどにのぼる。

未経験者を採用、ベテランとコンビに

これらの若手社員は、入社後、まずベテランとコンビを組ませ、仕事を覚えてもら

った。経験を積み、慣れてきた頃、徐々に独り立ちさせていった。

人材育成プログラムの詳細は第2章で記すが、「辞めたい」と感じる「危険なタイミング」をにらみ、不安や不満を解消できるようなプログラムを組んだ。バーベキューパーティーを開いたり、未成年者に関しては保護者に連絡を取ったりと、会社になじめるよう、きめ細かく気を配った。何よりも、社長の私が日頃から密にコミュニケーションをとり、丁寧に教育することを心がけた。

今、労働市場の流動性は極めて高い。新卒で入社した会社を「3年で3割が辞める」という時代だ。

その中で、ダイヤ精機では入社した若手社員たちが、辞めずに残ってくれた。若手社員たちの勤続年数を見ると、3年、4年、5年、7年、10年という具合で、空白の年が少ない。

勤続12年の社員が3人、16年、17年の社員が2人ずつと、当初、〝固め打ち〟で採用した社員たちもきちんと残っている。毎年のように採用してきた社員が、そのまま定着してくれている。

もちろん、中には入社はしたものの、「ものづくりの仕事が向いていない」「ダイヤ

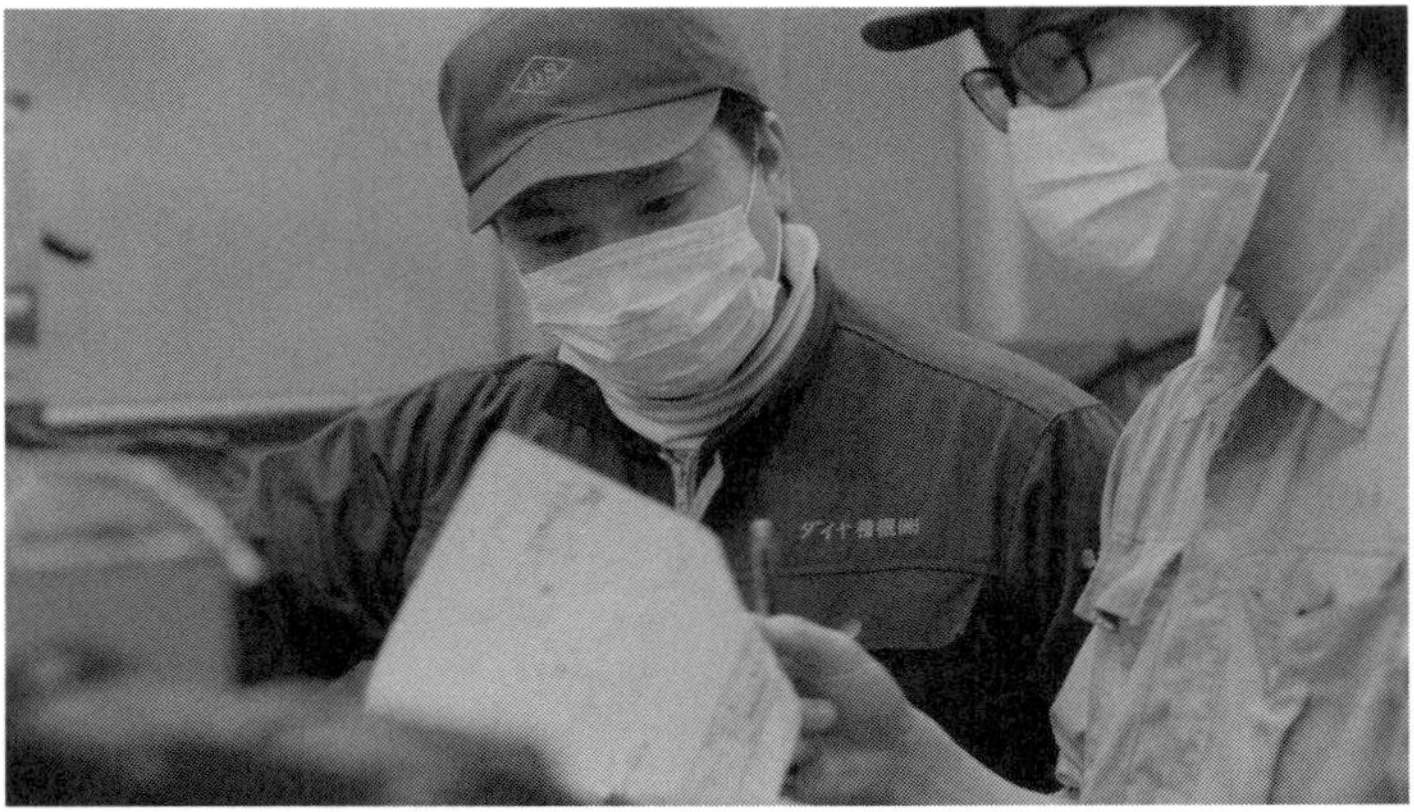

現場で働く社員の過半数を30代以下が占める

精機には合わない」と思うような新人もいた。こういう場合は、長く勤めさせても本人も苦痛だろうし、周囲の社員も会社も不幸になる。入社1カ月の試用期間中に「申し訳ないけれど、他の会社に行ったほうがいいと思う」と伝え、退社を促したこともある。

こうした数件の例外を除き、多くの若手社員たちが、ものづくりの仕事にやりがいを感じ、さらに腕を磨こうと会社に残り続けてくれている。本当にうれしいことだ。

こうして、ダイヤ精機は技術を維持しながら若返りを図ることに成功した。工場で働く19人のうち、今では30代以下が10人と過半数を占める。完璧とは言わないまでも、工場の人員構成はベテランに頼る逆ピラミッド型を転換し、ピラミッドに近い形に変えることができた。

世の中には、コロナ禍で仕事が激減し、休業を余儀なくされた会社もある。そのあおりを受け、仕事を失ったり、給料の減少に直面したりした若者も少なくない。

そうした中、ダイヤ精機はコロナ禍でも仕事がなくなることはなかった。ある若手社員は、それまで「製造業なんて」と見下していた友人から、「結局のところ、お前が勝ち組だな」と言われたという。

コロナ禍は社員たちが改めてものづくりの重要性を実感し、仕事や会社への愛情と誇りを感じる機会にもなったようだ。

70歳を過ぎても働き続ける

若手社員を積極的に採用する一方で、私はベテラン社員が活躍できる環境も整えてきた。

私が社長に就任した2004年には、それまでの60歳定年を変更し、65歳までに延長した。採用を強化した2007年には、ベテラン社員が持つ技術を若手社員に継承してもらうことを想定し、さらに70歳まで延ばした。

一時期、65歳になる時に給料をそれまでの20％減とする制度を導入していたことがあるが、今はそれもない。70歳までは同じ給料で働ける仕組みとしている。

過去には、「人生最後までダイヤ精機の社員でいたい」と言って、末期がんを患いながら抗がん剤を打って出社し続けたベテラン社員もいる。体調が良い時には、1日2〜3時間だけ工場に来て仕事をしていた。

金銭的なことを言えば、退職したほうがメリットは大きかったかもしれない。そう提案もしたが、最後の時までダイヤ精機の社員であることを選んでくれた。

数年前には、70歳を過ぎても、本人が希望する場合には個人事業主の立場で働き続けることができる制度も取り入れた。

もちろん、「体力に自信がなくなってきた」「余生を楽しみたい」「後継者が育ったから安心」といった理由で引退を選ぶ社員もいる。仕事を続けるもよし、引退するもよし。すべて、個人の選択に任せている。

現在、70歳を過ぎても仕事を続ける個人事業主は4人いる。時給制で働いてもらい、

70歳を過ぎても個人事業主として働ける

ダイヤ精機から業務委託する形としている。「月曜と金曜だけ出社する」という人もいれば、「月曜から金曜まで9時〜17時に勤務している」という人もいる。それぞれの体調やライフスタイルに合わせて、働き方は自由に決めてもらっている。

工場で働く個人事業主の最年長は79歳の佐々木博さん。少し前に股関節の手術をして人工股関節を入れた。手術後、1カ月足らずで会社に出社してきた。「もう少し休んだら?」と勧めたが、根っからの職人で現場の仕事が大好きな佐々木さんは、「もう大丈夫」と言って、早々に仕事に復帰した。

こうしたベテランたちは、まだまだ若手社員には追いつけない技術を持っている。仕事に向き合う姿勢や愛社精神など、若い社員たちのお手本となる面もたくさんある。体力と気力があり、意欲が続く限り、働き続けてほしいと願っている。

厳しい要求に対応し、技を磨く

ベテランたちは長年積み上げてきた熟練の技術を生かす。若手社員はその技術を受け継ぎ、磨きをかける。ダイヤ組織はそんな形で、創業以来培ってきた超精密加工技術を今も継承している。

単に「継承」しているだけではない。「向上」できた分野も少なくない。

その背景には、ものづくりの現場で求められる精度が、この10年、15年の間により厳格化したことがある。

市場に、より高い精度でものを測れる良質な計測器が出回るようになった。その計測器を使い、時にはメーカー自身が我々のつくった製品について「ＯＫ」か「ＮＧ」か、確認するケースも出てきた。それに付随してか、そもそも発注段階で厳しい精度を求める傾向がある。

私が社長に就任した頃、精密加工で許容される上限と下限の差は「プラスマイナス3ミクロン以内」というのが一般的だった。それが10年、15年経つ間にどんどんハードルが高くなってきた。今では、図面に当たり前のように「プラスマイナス1ミクロン以内」と書かれている。

ダイヤ精機の主要取引先である自動車メーカーがつくる製品は人命にかかわる。業界内で検査不正問題やリコールなどが起きたことへの反省から、どんどん厳格化する方向になっていったのかもしれない。

また、日本人の気質として、「高品質な製品をつくる」という理想を追求する中で、「少しでも高い精度を」と求めるようになった可能性もある。正直なところ、「そこまでの精度は必要ないのではないか」と思う場面もある。だが、顧客から求められれば、それに応えるのが町工場の使命だ。

超高精度の「原点」も受注

ダイヤ精機では、ベテラン社員と若手社員が一体となって、厳しい要求精度を実現する加工技術を身につけようと努めてきた。その結果、技術力が明らかに向上した分野も出てきた。

いくつか具体的な例を挙げて紹介しよう。

技術力向上を示す例として、筆頭に挙げられるのが、6年前から機械メーカー、A社向けに製造するようになった「産業機械の原点」だ。「原点」とは、機械を組み立てる際の基準になる鉄製の軸のことを指す。この軸に部品などを取り付けて機械を仕上げる。機械の精度そのものにかかわる極めて重要な部品だ。

原点の製造に当たってA社から求められた精度は、それまでダイヤ精機が手がけていたラップ加工のレベルをはるかに凌駕するものだった。

ラップ加工は鉄を機械で研磨した後に行う。ラップ盤と呼ばれる平坦な台の上に製品を置き、ラップ盤と製品の間にダイヤモンドなどの砥粒を含む研磨剤を流し込み、上から圧力をかけてこすり合わせることで精密に研磨する。

機械で研磨した鉄の表面には、肉眼では見えない微細なギザギザがある。その隙間に酸素が入り込むと、酸化してサビが生じる。この微細なギザギザを、手作業のラップ加工によって平らにしていく。ラップ仕上げをした鉄は、鏡面のようにつるつるになる。微細なギザギザがなくなり、酸素も入り込まないから、錆びることもない。

専門的な用語になるが、従来のダイヤ精機がラップ加工で手がけていたのは、「滑合」のレベルだった。

滑合とはどういう状態を指すか説明しよう。

円筒形の軸と、穴の開いた円盤を頭に浮かべてみてほしい。円盤を軸にはめ込もうとする際、軸の直径が円盤に開いている穴の直径よりもごくわずかに小さい状態であれば、軸と円盤の穴はぴたりと密着しつつも、スライドできる状態になる。これが滑合である。

滑合を実現する際の軸と穴の直径の差異は2ミクロンほど。このわずかな差を、職人たちは五感や経験を頼りに仕上げていた。

「1ミクロン以下」に挑戦

ところが、A社向けの原点で達成を求められたのは、滑合のレベルではなかった。

滑合を上回る「現合」レベルのラップ加工だったのである。

現合とは、先ほど説明した軸の直径と円盤に開いた穴の直径の差異が1ミクロン以下の状態を指す。

現合のレベルにまで仕上げた場合、そのまま円盤を軸に通せば、穴と軸の鉄表面が緩衝し合い、スライドは不可能になる。これを、専門用語で「かじる」という。

それを防ぐのがオイルだ。軸にオイルを塗って滑りを良くしておくと、「かじり止め」の機能が働く。円盤はゆっくりと軸の上をスライドする。一度塗ったオイルを取り除くと、スライドは不可能になる。

A社は長年、川崎市の町工場に原点の製造を依頼していた。ところが、その町工場は職人が高齢化し、廃業することを決めたという。

そこで、A社は新たに原点の製造が可能な取引先を探し出そうと、精密加工技術を持つ町工場を調べ、片っ端から連絡をしていた。

ある時、A社からの電話がダイヤ精機にもかかってきた。たまたまその電話を受けた私は、「図面を見たいので、明日伺います」と言って、翌日A社を訪ねた。そこで見た図面に書いてあったのが、「プラスマイナス1ミクロン以下」の精度だった。

超精密加工を売り物にしてきたダイヤ精機でも、現合レベルのラップ加工というのは初めての試みになる。その場で、「できます」「やらせてください」と即答はできなかった。

「一度、持ち帰らせてください」と頼んだ。「製品ができたら、買い取っていただけますか。できなければ費用はいっさい不要です」。私がそう伝えると、先方も「面白い」と受け入れてくれた。

翌日から、研磨を手がける本社工場の社員たちによる、原点づくりへの挑戦が始まった。「研磨目」の粗さ見本を触って感覚をつかみながら、1ミクロン以内の超精密加工に挑む。使うのは、40年以上前からある旋盤を改造した機械だ。

若手の技術に驚嘆するベテラン

究極の超精密加工に挑戦し始めて数カ月、まずベテラン社員が現合レベルの加工を成功させた。そのベテラン社員が引退する前には、その知恵やノウハウを教えてもらった30代のTくんもつくれるようになった。20年前にはできなかった日本でもトップレベルの超精密加工技術を、新たに身につけることにができたのである。

今、TくんはA社向けの原点をどんどん仕上げている。1ミクロンとなれば、気温や湿度にも影響される。ほこり1つで鉄の表面に傷がつきかねない。人間がやることだから、作業にはその日の体調なども影響する。Tくんは神経質になりすぎることなく、本社工場の片隅で、ごく普通にそんな超精密加工を実現してくれている。本当にありがたい。

本社工場にはTくんが練習がてらつくった現合の見本がある。円柱の軸と、穴の開いた円盤をセットにしたものだ。

軸にオイルを塗り、円盤を上から載せる。通常であれば、重い鉄でできた円盤は、自らの重みであっという間に落下してしまうところだ。ところが、現合を実現した円盤は、重力を受けながらも、軸に沿ってゆっくりと下に落ちていく。ゆっくりとしたこの速度こそ、軸と穴の直径差異を1ミクロン以内に仕上げた超精密加工技術を象徴するものなのだ。

Tくんと同じ場所で働く60代のKさんは、別の機械加工工場の出身だ。その工場を定年退職後、「まだ働きたい」とダイヤ精機に入社してきた。

Kさんが勤めていたような、普通の機械加工工場では、求められる精度は20ミクロンほど。厳しいケースでも10ミクロンだったという。Kさんには研磨の経験はあるが、ラップはできない。そのKさんが現合の実現を間近で見た瞬間、誰よりも驚き、感嘆していた。

「僕がそれまで手がけていた加工とは精度のケタが違う。ミクロン単位の加工を手作業でできるなんて信じられない。ダイヤ精機に来るまで、そんなことが可能だとは思いもしなかった」と言う。

以前から、ダイヤ精機では2、3ミクロンまでの超精密加工は当たり前にこなしていた。私自身、それを当然のことと捉え、自分たちのすごさに気づいていなかった。実際のところ、本当に希有な、誇るべき技術なのだ。

今はTくんが煮詰まることがないよう、Kさんの持つ研磨の知識も生かし、一緒に話をしながら、技術を磨いてもらっている。

原点の製造を成功させたのを機に、A社との本格的な取引が始まった。A社からの発注は、ダイヤ精機の売上高に大きく貢献している。

原点の成功については、さらに後日談がある。

ある時、A社主催の懇親会が開かれた。ダイヤ精機も招待され、私が参加した。この場に、それまで原点を請け負っていた川崎の町工場の社長も参加していた。同じ原点をつくる会社同士、ライバルともいえる関係でもあり、A社の担当者は気を使い、さりげなく私と社長の距離を取ろうとした。ところが、その時、相手の社長が私のほうに歩み寄ってきた。

「ダイヤ精機さんだよね？　僕らはあと2〜3年で廃業するから、その後の原点の製造は頼んだよ！」

そう声をかけられた。彼らも自分たちだけが請け負っていた現合レベルの超精密加工を引き継げる先が見つかるかどうかが気がかりだったのだろう。無事に〝後継者〟が見つかって安心したのではないか。

2年前、その町工場は予定通りに廃業した。最高峰の技術のバトンタッチを受けたダイヤ精機は今、原点の製造を一手に請け負っている。

技術力向上を示す製品はほかにもある。

5年ほど前には、機械メーカーのB社から受注した、直方体と球体を合体した複雑な形状の部品を完成させることに成功した。

この製品は、X軸、Y軸、Z軸と三次元に許容誤差2ミクロン以内の精度を出す必要があり、極めて難易度が高かった。東京都内で研磨加工のトップと目されている企業でも実現できず、ダイヤ精機に話が回ってきた。

「研磨トップ」の企業をも上回る

ダイヤ精機では、現場の若手社員が中心となって話し合い、研磨の前段階の切削工程も含めて作業を見直した。鉄を硬化させるための焼き入れのタイミングを変えたり、加工作業の順番を入れ替えたりと知恵を出し合いながら工夫を凝らし、1カ月ほどかけて実現した。

研磨加工トップと目される企業は、高性能で最新の機械設備をそろえるなど、ダイヤ精機よりはるかに恵まれた環境の中でものづくりをしている。その企業にできなかった技術を、ごく標準的な機械設備を使いながら、知恵と工夫で実現したことは、社員たちにも大きな自信になったに違いない。以来、若手社員たちは「オレたちは関東一の技術を持つ町工場だ」と口にするようになった。

高い技術力を示す製品として、複数の項目に対する測定・検査を可能にする「総合ゲージ」も挙げられる。

ダイヤ精機は長年、エンジンブロック用の総合ゲージを製造してきた。今も若手社員が中心となって製造を続けている。

5社しかつくれない「総合ゲージ」

エンジンブロックとは、エンジンの心臓部に当たる部分だ。サイズは一辺80センチほどと大きい。エンジンブロックには複数のピストンが収まる構造になっている。総合ゲージは、エンジンブロック全体のサイズはもちろん、ピストンの穴の位置や口径、深さなども一気に測定し、規格範囲内であるかどうかを確かめるものだ。

エンジンブロックには、ピストンが収まる穴だけで40カ所ほどある。その穴の口径や深さを測る一つひとつのゲージや部品が高精度であることがまず大前提だ。正確な位置にゲージを配置できるよう、精緻に組み上げる技術も求められる。ほんのわずかでも位置がずれれば、それだけで数ミクロンの狂いが生じ、正確に測ることができなくなる。

極めて緻密なものづくりの力が必要になる。まさに、超精密加工の総合力が問われるのが総合ゲージなのである。

このエンジンブロック用の総合ゲージについては、ある大手自動車メーカーの方から、「つくれる企業は日本で5社しかない」と言われたことがある。ゲージは業界団体なども存在しない。ゲージを製造している企業がどれぐらいあるか、それらの企業がどんなゲージを製造しているのかといった「横の情報」はなかなかつかめない。

そこで、付き合いのある銀行に紹介してもらい、系列のシンクタンクに依頼して調べてもらった。その調査結果によれば、エンジンブロック用の総合ゲージをつくっている企業は本当に5社しかないことがわかった。それほど難しい製品を、ダイヤ精機では20代、30代の若手社員が当たり前のようにつくっている。

「CASE」への転換にも対応

ダイヤ精機が主に製品を収めている自動車業界は今、大変革期にある。

そのキーワードは「ＣＡＳＥ」。従来のガソリン車から、電気自動車（ＥＶ）への転換とともに、「Connected：コネクテッド化」「Autonomous：自動運転化」「Shared/Service：シェア／サービス化」「Electric：電動化」が進んでいる。

「ＥＶ化が進むと、自動車用のゲージや金型を製造するダイヤ精機の売り上げが減るのではないか？」

時々、こういう質問を受けることがある。だが、そんなことはない。ＥＶにも、ガソリン車と同様、ゲージで測るべき部品がある。自動車メーカーが規格大量生産をやめない限り、必ず需要はある。精密加工が必要な金型部品もなくならない。

もっとも、ガソリン車の部品点数はおよそ3万点にも及ぶのに対し、ＥＶは2万点ほどに減るといわれている。自動車メーカーに納めるゲージの数量が減る可能性はある。

日本で5社しかつくれない「総合ゲージ」

今のところは、ハイブリッド車の需要もあり、大きな変動はない。だが、主要取引先が属する自動車業界で、こうした大きな構造変化が起きていることに漠然とした不安感がないわけではない。

ただ、それを恐れているだけでは経営者は務まらない。これだけまじめにものづくりに取り組んでいれば、日本の中に、また世界の中に、我々の技術を必要とする企業や業界は必ずあるだろう。楽観的に、前向きに捉えながら、高い技術力を生かせる新たな分野を見つけることを狙っている。

実際、取引先の大手自動車メーカーからは、「CASE への構造転換が進み、

ＥＶ化が進行すると、同時に金型の精度はどんどん上がっていく。ダイヤ精機の出番は多くなるだろう」と言われている。

その兆しも見え始めている。ダイヤ精機は少し前からＥＶ向けの電気関係の金型を製造するようになった。もともと、自動車メーカーが内製していたが、自社製造だけでは間に合わず、外注することになったものだ。

初めは自動車メーカーが以前から取引していた金型メーカーに発注したという。ところが、その金型メーカーには、自動車メーカーが要求する精度を出すことができなかった。そこで、ダイヤ精機に話が回ってきた。

これまでつくったことのない全く新しい製品。自動車メーカーとは使っている機械も異なるが、その環境でなんとか仕上げなくてはならない。

自動車メーカーからＮＣ用のプログラムをもらい、ダイヤ精機で使えるように手直しした。独自に刃物の選定も行った。矢口工場にいる若手社員が試行錯誤していくうちに、要求通りの精度を実現することができた。

新たな受注として売り上げに貢献するようになったこの金型は、需要が多く、矢口工場を月曜から金曜の週５日稼働させるだけでは製造が追いつかない。そこで今、矢口工場は週7日の稼働としている。若手社員2人の勤務契約を変更し、土曜・日曜に出勤する代わりに、平日に2日休んでもらう体制にした。

2030年頃には、自動車メーカーが製造する自動車は、ほぼすべてEVになっているだろう。EV化とともに一層精密化が進む分野がある。その波に乗り、自分たちの力を発揮し、受注を拡大することができるか。それが、これからのダイヤ精機のチャレンジになる。

若手の進言で難削材にも挑む

このように、以前から手がけてきた金属精密加工を一層深掘りしているダイヤ精機だが、最近は新素材の精密加工への挑戦も始めた。

その新素材とはジルコニアである。ジルコニアはセラミックの一種で、強度と耐久性に優れている。「人工ダイヤモンド」と呼ばれることもあり、アクセサリーや歯科材料などでよく使われる素材だ。

ジルコニアはチタンなどと同じく、「難削材」と称される素材の1つだ。強度が高いだけに加工が難しく、手を出さない町工場が多い。

このジルコニアに関して、ある取引先から「試作品をつくってほしい」という依頼がきた。当然、これまで扱ったことがなく、既存の仕入れルートでは素材の調達すらできない。難削材の加工だけに、砥石や刃物の選定から見直す必要がある。どれぐらい時間がかかるかもわからない。

私は断るつもりでいた。ところが、話を伝え聞いた若手社員たちから、「やってみたい」と声があがった。

「『難削材であるジルコニアの加工をした』という実績を残すことは、会社の新しい看板になります」

「絶対に挑戦するべきです」

口々に言ってくれた。

〝神の手〟を持つベテラン社員たちから超精密加工技術を継承し、さらに昇華させつつある若手社員たちは、自分たちが身につけた技術に自信や誇りを持ち始めているのだろう。以前だったら、私が難しい製品を受注し、社員に「やってみようよ」と促す立場だった。ところが、今は私が断ろうとしていた製品を社員が「やってみましょう」と引き受けてくれる。新しいことに前向きに挑戦する姿勢を持ってくれていることが率直にうれしかった。

社員の意思を受け入れ、依頼してきた取引先に見積もりを出した。その取引先が仕入れてくれたジルコニアを買い取り、今も試行錯誤しながら、精密加工に挑戦しているところだ。

目指すは「世界のニッチトップ」

社長に就任した20年前、私は「父が遺した取引企業との口座は何が何でも守り抜く」と誓いを立てた。

企業は時々注文するだけの取引先ならば、商社を通して製品を仕入れる。定期的に発注をかけ、直接取引するような重要な仕入れ先だけに口座を用意する。ダイヤ精機のような中小企業にとって、「取引先から口座がもらえるかどうか」は、安定的に経営を継続していくうえで極めて重要なポイントだ。

父から受け継いだ時点で、ダイヤ精機の売り上げの１００％近くが大手自動車メーカー向けの製品だった。私が社長を務めた20年、その自動車メーカーの口座を維持し続けることができた。

加えて、大手産業機械メーカー、大手重機メーカーなどからも新規で口座を開設してもらった。単発で大手精密機械メーカー、大手電機メーカーなどからの受注も獲得している。超精密加工技術を生かしたゲージや金型部品は、自動車業界以外にも多様な業界で採用されるようになりつつある。

現在、ダイヤ精機の売上高に占める大手自動車メーカーの売り上げは7割ほど。取引先の多様化が進んでいる。

技術を継承しながら若返りを図り、持続可能な町工場となったダイヤ精機。今、私たちが目指すのは「世界のニッチトップ」だ。

創業以来つくり続け、今も主力製品となっているゲージの分野で、世界のトップメーカーとなる。それが、目指している「世界のニッチトップ」の姿だ。

前述したように、これまでゲージを手がけてきた町工場の中には、ゲージ事業から撤退したり、廃業したりするところが多い。50年以上の歴史を持つゲージメーカーはぐんと少なくなった。

ダイヤ精機は創業事業であり、主力事業であるゲージをこれからも大事に扱い続ける。ライバルが減り、「ブルーオーシャン」となった市場で勝負を賭ける。

その際、設計部門を持つことは大きな強みとなるだろう。

多くのゲージメーカーは下請けとして、取引先がつくった図面を基にゲージを製造している。その中で、ダイヤ精機は1からゲージを設計し、製造することができる。

「どう測ればいいかわからない」

「何とかしてもらえないか」

取引先から依頼があれば、設計部員とともに直接現場を訪ね、「こういうゲージはどうですか？」と提案できる。お客様が求めるものを形にすることができるのだ。

今、大手メーカーの直接的な取引先は商社が多い。ダイヤ精機が製品を納めるメーカーの取引先でも、ライバルは商社ばかりということもある。

ダイヤ精機が商社に転換していくことも可能ではある。だが、仮に会社の売り上げ規模を拡大できるとしても、私はその方向に進むつもりはない。

ダイヤ精機が継承してきた超精密加工技術を今後も守り抜く。そのために若い社員たちを卓越した職人に育て上げる。それこそが社長である私の使命だと考えている。

私が見る
〝町工場の星〟
1

職人の世界に「完成」はないよ

ダイヤ精機の最年長職人
佐々木 博さん㊼

俺はダイヤ精機に入ってから、55年になるかな。今も個人事業主として月曜から金曜まで週5日、フルに働いてるよ。

70歳で定年になった時、「仕事を辞める」っていう選択肢は頭になかったね。昔、社長に「一生ついていくよ」って言っちゃったし、社長は「100歳までこき使う」って言うから(笑)。まあ、この仕事が好きなんだよ。置いてくれると言う間は、いつまでもいますよ。

少し前に股関節の手術をして、人工股関節にしたんだよ。手術の後は1カ月ぐらい休んだかな。手術前は痛くてね。立っているより、座っている時がきつかった。会社までは自転車で通勤してるんだけど、痛いから、ペダルに足をひっかけて、片足でこ

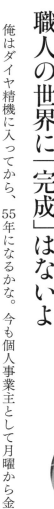

いで来てた。手術して、その痛みもなくなったよ。

今は矢口工場で旋盤加工の仕事をしてる。前は本社工場にいたんだけど、あっちはミクロン単位の仕事だからね。やっぱり年とともに難しいことも出てくるから。

矢口工場でも、「これはできねえな」っていう難しい仕事が来ることがあるよ。でも、「何とかするか」とやってみる。まだまだ、若い連中には負けない。職人の世界には、「ここまでできたら完成」なんてことはないよ。

若い職人も増えてきたけど、俺に言わせりゃ、まだ「頼もしい」とまではいかないな。年に関係なく、もっと自分から進んで「やってやろう」っていうのがあってもいいんじゃねえかと思うね。

本社工場の研磨の仕事は、1人の若い職人にたたき込んだ。だいたいできるようになったよ。もう心配はいらないな。あとはこっちの矢口工場で、旋盤の弟子をつくって教え込まないとな。

今の社長になって20年経つのか。いや、本当に立派になったもんだよ。俺は社長が生まれる前、先代の奥さんのお腹の中にいる時から知ってるんだ。おしめだって替えたんだよ。

先代が急に亡くなって、誰が次の社長をやるかという話になった時、ベテラン社員の中から決めようとしたこともあった。でも、銀行からバツが出た。身内じゃないとダメだっていうんだ。だから、なんとか今の社長に決断してもらうしかなかった。

でも、その頃の社長は専業主婦だったからね。「どうするのかな」と思ってたら、すぐ「やる」と言ってくれた。ありがたかったよ。あのまま、グズグズしてたら、ダイヤ精機もどうなってたかわからないからね。

社長になったばかりの頃は、自信なさそうに見えたよ。そのうち、社長も経験を積んで、だんだん慣れてきた。「任せとけ！」っていう感じになってきたね。今は自信満々でやってる。やっぱり、先代の血を引いて経営者に向いてるんだろうな。

オレは先代とも35年の付き合いがあったけど、先代はよく社員のことを怒ってたよ。現場に来ると、みんなピリッとして、萎縮してたな。そのせいか、人の入れ替わりも激しかった。でも、俺らはそうやって怒られて成長したんですよ。

今、ダイヤ精機は若い連中が増えて、全然辞めねえもんな。それは、俺が思うに社長のキャラクターだろうな。現場に出てキャッキャッと笑ってるじゃない。そういう雰囲気がいいんだろう。まあ、俺は「うるせえな」と思うけど(笑)、「社長が来た」とわかると、どこかへ隠れちゃう。そうすると、探しに来てつかまるんだ(笑)。

社長が明るく振る舞ってるから、ダイヤ精機は社員全員がファミリーのような感覚があるよ。社長の悪口って聞かないもんな。俺が言うだけで(笑)。

俺も昔はやたら怒鳴っていたらしいわ。怖かったらしいです。今は違うよ。みんなのことを褒める。「おう、すごいじゃねえか」「うまいじゃん」って。内心、たいしたことないと思っても、褒めて成長してもらいたいからな。

社長にも「今の子は教えないとダメだから」とよく言われた。俺らは人のやってるのを見て技術を盗んで、自己流で身につけたもんだけどな。時代が変わったということだよ。それで、俺も「怒鳴るのはまずいな」と突然、思った。

ダイヤ精機は設立から60年か。100年を目指してほしいね。ある時、工場へ来たら、「ダイヤ精機がない」なんてことがあったら寂しいから。まだまだ50年、100年と成長を続けてほしいと思うよ。課題は社長の後釜をどうするかだな。(談)

私が見る
〝町工場の星〟
2

ダイヤ精機の若手社員
H・Rさん(24)

地味で難しいけど、楽しいです!

僕は2020年、コロナ禍のまっただ中にダイヤ精機に入社しました。

高校卒業後は東京都立城南職業能力開発センターの金型加工科で金型づくりを学んでいました。城南地域にある中小企業の合同就職面接・企業説明会に参加して、いろいろな企業の話を聞いた時に、ダイヤ精機が一番「面白そう」と感じました。

父も製造業に勤めていたので、もともと、ものづくりに関心はありました。ずっと同じものをつくり続けるのはつまらない気がしていましたが、ダイヤ精機は多品種少量生産で、多能工のスペシャリストを育てるとうたっています。「いろいろなことにチャレンジできそう」というのが、興味を持った理由でした。インターンを経て、希望通りに採用していただきました。

［私が見る“町工場の星”❷］H・Rさん

入社から3年経ち、今は汎用フライス盤、汎用旋盤、マシニングセンター、半NC旋盤と4種の機械を使って、加工や切り出しなどの作業を担当しています。汎用フライス盤と汎用旋盤は職業能力開発センターで基礎的なところは習っていました。マシニングセンターと半NC旋盤の扱い方は、入社してから身につけました。社長からは、「とにかく何でもやってみて」と言われます。何度も挑戦を繰り返しながら、技術を磨いています。

今、メーンで受け持っているのは、マシニングセンターを使ってつくる金型です。かなり難易度の高い製品で、当初は取引先の自動車メーカーから指導に来てもらっていました。その後、刃物を替えるなど、自分たちで試行錯誤し、注文通りの製品を仕上げることに成功しました。受注量が多く、平日だけの稼働では生産が間に合わないので、僕は平日を休み、週末に出勤する契約にしています。

佐々木博さんや吉川健二さんなど、矢口工場にいる超ベテランの職人さんたちから、いつもいろいろなことを学ばせてもらっています。簡単なものなら、自分だけでも問題なくできますが、複雑なものは、まず自分で段取りを組み、ベテランの方たちに

「こういうやり方でやろうと思いますが、大丈夫ですか」と確認しています。「それで大丈夫だよ」と言われることもあるし、「こういうやり方のほうが安全だよ」とアドバイスしてもらうこともあります。その都度、様々な気づきが得られて、とても勉強になります。佐々木さんや吉川さんのようなベテランの職人さんたちは、加工のスピードも僕とは全くレベルが違います。「かっこいいな」と憧れます。

職業能力開発センターの同期だった友人たちと会い、話を聞くことがありますが、「ダイヤ精機にいる自分はなんて恵まれているんだろう」といつも思います。

例えば、他の製造業の現場では、汎用機械は「ベテラン職人が使うもの」になっています。若手は汎用機械には触らせてもらえず、自動化された機械のボタンを押すだけということもあるようです。自分でなんでもやらせてもらえて、超ベテランの職人さんたちから直接気軽に教えてもらえる環境というのは、ダイヤ精機ならではで、とてもありがたいです。

仕事はとても楽しくやらせていただいています。自分のつくったものが、社会の重要な製品の一部に使われていることに、一番のやりがいを感じます。僕らがつくっているのは最終製品ではありませんが、たまたま学生の頃に自動車メーカーの工場見学に行ったことがあり、後からダイヤ精機の製品が使われている工程の話も聞いたので、重要な役割を担う製品であるというイメージはできています。

もしかしたら、中学や高校の友人の中には、ものづくりのような地味な仕事ではなく、もっと簡単に、もっときれいに、もっと効率よく稼げている人もいるのかもしれない。でも、僕はデスクワークが得意ではないので、体を動かしながらものづくりができる今の仕事にとても満足しています。

会社の雰囲気が良いことも、満足度が高い理由の1つです。入社前は、ものづくりの現場なので、「上下関係が厳しいのかな」という偏見がありましたが、実際に入社してみたら、とても優しく教えてもらっています。アットホームで笑いが絶えない職場で、居心地がいいです。

社長はユーモアあふれる方で、いるだけで和やかな雰囲気になります。今は僕が最年少なので、いつも「ハッシー、大丈夫?」と気にかけてもらっています。

これから先、できるだけ多くの機械を動かせるように成長していきたいです。(談)

第2章

「最高の職人集団」へ、走り続けた20年

1. 主婦から社長に、身売りの危機も

第1章で説明したように、私が社長を務めるダイヤ精機は一流の職人たちを抱える少数精鋭の「ザ・町工場」だ。職人は若手からベテランまで幅広い世代がそろい、優れた技能を継承していく体制が整っている。職人の高齢化や人手不足で廃業や倒産の憂き目に遭う町工場が少なくない中、希有な存在になり得たと自負している。

だが、私がダイヤ精機の2代目社長に就いた2004年5月の時点では、現在の姿は到底想像できなかった。会社は長く経営不振が続き、社員の多くは50代以上。技術の継承は極めて困難な状況にあった。

ここで、これまでの私とダイヤ精機の歩みをお話しししよう。

ダイヤ精機は東京オリンピックが開催された1964年、私の父である諏訪保雄が創業した。

息子の治療費捻出のために創業

実は、私には１９６１年生まれの兄がいた。だが、兄は3歳で白血病を発症してしまう。高い治療費を捻出するために、サラリーマンだった父はゲージ工場を営む義兄から機械2台と職人３人を譲り受け、ダイヤ精機を創業した。高度経済成長のまっただ中にあった当時、ものづくりはお金を稼ぐ手っ取り早い手段だった。

両親は兄に対して最新かつ最善の治療を施した。だが、残念ながら病魔に打ち勝てず、兄は１９６７年にわずか6歳で他界する。

憔悴し、会社を畳むことすら考えた父だったが、周囲の支えもあって気持ちを立て直し、事業継続を決めた。そして、次の目標として「ダイヤ精機の後継者を育てたい」と思うようになった。

兄には年子の姉がいた。だが、女性は結婚し、子どもを産んだら家庭に入るのが当たり前とされた時代だ。父は「女の子では後継者にならない」と次の子を欲しがった。

そんな期待の中で１９７１年に生まれたのが私だ。

「女か…」

生まれたのが女の子だったことを知った父の落胆は大きかった。私が生まれた後も母が入院する病院へは一度も足を運ばなかったという。

そういう環境で生を受けた私は、小さい頃から「あなたはお兄ちゃんの生まれ代わりよ」と聞かされて育った。

そのせいか、子どもの頃、興味を持ったのは電車、自動車、戦隊グッズ、プラモデルなど男の子が好むおもちゃや遊びばかり。知らず知らずのうちに、「兄の生まれ代わり」のように生きる道を選んでいたのかもしれない。

その様子を見て、次第に父は私をダイヤ精機の後継者にしようと考えるようになった。会社に呼びつけたり、取引先に同行させたり、私と「会社」「仕事」との接点を頻繁につくった。

父から「ダイヤ精機の2代目になれ」と言われたことはない。自分でも、会社を継ぐことなど一度も考えたことはなかった。ただ、大学進学では「工学部以外は行かせない」と言われ、成蹊大学工学部に入学した。

大学卒業後は、父に勧められるまま、ダイヤ精機の取引先でもある大手自動車部品メーカー、ユニシアジェックス（現・日立Ａｓｔｅｍｏ）の工機部に初の女性エンジニアとして入社した。工機部では機械加工、生産管理、品質管理、設計など製造業のイロハを広く学んだ。

父にリストラを提案するが……

入社から2年後、社内のエンジニアだった男性との結婚を機に退社した。翌年には長男を出産する。

待望の男の子が生まれ、父は「でかした！」と大喜びだった。息子が成長するにつれ、「この子が20歳になるまで頑張る。その後、ダイヤ精機を継がせる」と言うようになった。「兄の代わり」のように生きてきた私だったが、ようやく肩の荷が下りた気持ちだった。

その後、以前から少し興味があったアナウンス専門学校のブライダル司会コースで学び、月に４～５件、結婚披露宴の司会の仕事をするようになった。

「兄の代わり」ではない、自分の人生を謳歌し始めた私だったが、父から「仕事を手伝ってほしい」と頼まれ、1998年にダイヤ精機に入社する。

バブル崩壊後、国内需要の低迷と円高によって、自動車関連業界には苛烈な再編の波が押し寄せていた。ダイヤ精機も逆風にさらされ、売上高はバブル期の半分以下に減っていた。

苦境の中で父は、大手メーカーに勤めていた私の経験を生かし、状況を改善する方策を見つけてほしいと思ったようだ。総務部員として入社し、各部門を回ってダイヤ精機の経営状況を分析した私は、不採算となっている設計部門の解散を含むリストラ案を父に示した。

「よし、わかった」と言っていた父だったが、実際にリストラを言い渡されたのは、ほかでもない私だった。ある日の朝、父に呼ばれ、社長室に行くと、「お前、明日から来なくていいから」と言われた。私1人がリストラされた。

突然、「余命4日」の宣告

予期せぬリストラでダイヤ精機を去ったが、2年後、再び父に請われ、会社に戻った。再度、経営分析をしたものの、状況は2年前から何も変わっていない。

前回と同じく、不採算部門からの撤退とリストラが必要という結論を父に報告した。

そして、またしても私1人がリストラされた。

リストラが必要なことは明らかなのに、なぜ踏み切ろうとしないのか。当時は理解できなかったが、経営者となった今は、父の気持ちがよくわかる。

経営者には雇用責任がある。社員は家族のようなもの。どんなに苦しくても、その社員たちを切るという決断は、父にはできなかったのだ。

再びダイヤ精機を去り、披露宴の司会のアルバイトに戻っていた2004年4月、思ってもいなかったことが起きた。父が倒れて緊急入院してしまったのだ。前年の手術で切除したはずの肺がんが脊髄に転移していた。病院の医師からは「余命4日」と宣告された。

ダイヤ精機は父が1人ですべてを取り仕切っていた。当然、事業承継の準備は何もできていない。

預金通帳がない。金庫が開かない。社印が見つからない。権利書がない——。会社と病院を何度も行ったり来たりして、病床の父に確認した。

入院してから４日。命が今にも消えようとする直前、父は射すくめるような目で私を見た。思わず、私は「会社は大丈夫だから！」と叫び応えた。父は私の目を見つめたままの姿勢で息を引き取った。

ベテラン社員から後継者に推され…

父が突然亡くなった悲しみに浸る間もなく、現実が次から次に押し寄せた。メーンバンクの支店長と担当課長が訪ねてきて、早速切り出されたのが後継者の問題だ。

「それで、この後はどなたが社長になるのですか」

その場にいたのは私と夫、姉夫婦の４人だった。自然と大手自動車部品メーカーのエンジニアである夫に視線が集まった。

だが、その頃、夫は希望していた米国赴任が決まり、旅立つ直前だった。悩んだ末、夫は自分自身の夢でもあった米国赴任を選択する。

私はベテランの幹部社員３人を集め、「今いる社員の中から話し合って社長を選んでください」と伝えた。

数日後、ベテラン社員たちが出した結論は驚くべきものだった。

「貴子さん、社長をやってください」

「俺たちが全力で支えるからお願いします」

「頼みますよ。この通り」

ベテラン社員たちは私の前で頭を下げた。全く想像していなかった展開に驚くばかりだった。

私は創業者の娘であり、過去にはダイヤ精機の取引先でもある大手自動車部品メーカーでエンジニアとして働いた。ダイヤ精機に2度勤めた経験もある。確かに姉よりも会社との接点はあった。

だが、その時点では「ただの主婦」。経営に関してはズブの素人だ。規模の小さな町工場とはいえ、国内でも指折りの精密加工技術を持つ会社をただの主婦が継いで事業を継続できるのか。社員だけでなく、その家族らも養っていく責任がある。私に彼らの生活を守る力があるのか。クルマや家のローンすら組んだことがないのに、万一の場合は会社が抱える負債をかぶることになるかもしれない。その時はどうするのか。

何もかもが怖く、悩みに悩んだ。

その時、背中を押してくれたのは、会社の顧問弁護士を務める佐藤りえ子さんのシンプルで力強い言葉だった。

「取られて困る預金はいくらあるの？」

佐藤さんにそう尋ねられ、私が「披露宴の司会のアルバイトで貯めた50万円ぐらいですかね」と答えると、「それなら怖いものなんてないじゃない」とバッサリ。

この言葉で、「そうか…。うまくいけばラッキー。失敗しても命まで取られることはない。やってみればいいんだ」と覚悟を決め、思い切って社長になる道を選んだ。

夫は単身で米国に渡った。6歳だった息子と私は日本にとどまり、新しい生活を送ることになった。

身売りの提案を一蹴

2004年5月、私は主婦から社長になり、難題だらけの会社と向き合うことになった。

バブル崩壊後、ダイヤ精機の売上高はピークの半分以下にまで落ち込んでいた。にもかかわらず、社員数は27人とバブル期とほぼ同じ。メーンバンクはそんな経営状態を見て、もはや単独では生き残れないと判断したのだろう。早々に都内の精密加工メーカーとの合併話を持ちかけてきた。

銀行の担当者は「売り上げは2倍になり、事務部門の縮小でコストが削減できます」とメリットを強調する。だが、大手企業を取引先に抱えるダイヤ精機に対し、先方の取引先は中小企業が中心で、あまり魅力を感じられなかった。

加えて、支店長は「合併後の新会社社長には先方の社長に就いてもらいます」と言う。銀行はついこの前まで主婦だった私に、経営者の力量はないと見ていた。そして、その私がトップに就いたダイヤ精機を見限ったのである。

表面的には対等合併のように見せかけているが、実態は身売り。相手企業による吸収合併だった。高い技術を持つ職人だけを取り込み、それ以外の社員はリストラされてしまうだろう。

私が辞めるのは構わない。だが、社員たちが不幸な境遇に陥るのは絶対に御免だ。「ダイヤ精機にとってこの合併は全くメリットがありません。お断りします」

私は銀行の提案を一蹴した。

その後も銀行は「合併しか生き残る道はない」と迫る。そのプレッシャーをはねのけ、経営の独立性を保つには、一刻も早く業績を立て直さなくてはならない。これ以上の業績悪化を防ぎ、収益力を高める必要があった。

かつて2度入社し、経営分析を行った際、私は父にリストラを提案した。しかし、自分が社長という立場になってみると、リストラを敢行するのは本当に厳しい決断だった。

とはいえ、会社存続のためには、やり遂げるしかない。社長に就任して1週間で、リストラは不可避と覚悟を決めた。かつて父に提出した改革案通り、設計部門に所属するエンジニア3人をリストラする。社長秘書、運転手も町工場には過分と考え、計5人のリストラを決めた。

その後、眠れない夜を何日も過ごした。

「こんなにつらい思いをするなら、会社そのものをなくしたほうがよかったのではないか」

そんな思いもよぎった。だが、腹をくくった。

リストラを告げる日の朝、対象の社員を一人ひとり社長室に呼び、話をした。

「当社は売り上げに対して人員が超過しています。大変申し訳ないけれども、会社をお辞めいただきたいと思います」

こう伝えると、誰一人恨み言を言うことなく、静かに受け入れてくれた。

だが、5人をリストラしたことが知れ渡ると、社内の雰囲気は一変した。「なんてことをするんだ、このやろう」と食ってかかってきたベテラン社員もいた。1日で社員全員が「敵」になった。

だが、ダイヤ精機を存続させるためにはやむを得ない。自分が正しいと思う道を突き進むしかなかった。

再生へ「3年の改革」をスタート

5人のリストラで人件費を削減し、その他の経費も切り詰め、当面の経営難に何とか対処することができた。それからは少し腰を落ち着けて、より強固な収益基盤をつくり上げ、経営を安定させる必要があった。

会社を抜本的に立て直し、再生させるため、私は「3年の改革」と銘打った取り組みを始めた。

1年目は「意識改革」をテーマに据えた。製造業にとって重要な基礎固めだ。

バブル崩壊後、長く業績が低迷する町工場の社長が急逝した。それまで主婦だった娘が後を継いだ。客観的に見て、ダイヤ精機は危機的状況にある。

それを乗り越えるため、社員一人ひとりに「自分たちが生まれ変わり、会社を変えなくてはいけない」という意識を持ってほしかった。

まず取り組んだのが、社員たちへの教育だ。小さな町工場の社員には、OJT以外に教育を受けるチャンスはほとんどない。意識を変えるため、ベースとなる知識を植え込もうとした。

私が講師役となり、それまで行ったことのない座学での研修を1~2週間に1回ぐらいのペースで実施した。

最初に訴えたのは挨拶の徹底だ。

ものづくりの現場にいる社員は概して口数が少なく、ぶっきらぼうだ。きちんとした挨拶ができていない社員もいた。TPO(時、場所、場合)に合わせ、「おはようございます」「お先に失礼します」「お疲れ様でした」「ありがとうございます」といった言葉を使い分ける。挨拶が人間関係の基本、コミュニケーションの核であることを説いた。

だが、社員たちの反応は鈍かった。「機械を回して製品をつくり上げることこそが職人の仕事」という感覚の社員には、「どうして俺たちがこんなところに座って話を聞かなきゃいけないんだ」という反発心がある。研修の内容以前に、研修を受けること自体を嫌だと思っていることが明白だった。

5Sを徹底、不要品を大量処分

社員の反応は冴えなかったが、続いて、製造業の基本である「5S（整理・整頓・清掃・清潔・しつけ）」も教え込んだ。中でも、5Sの核である「2S（整理・整頓）」の重要性を訴えた。

「整理とは、要るものと要らないものを分けて、要らないものを捨てること。整頓とは、要るものを使いやすく取り出しやすく並べること。これを理解したうえで整理・

整頓すれば、必ず成果が出ます」。こう説明した。

そして、「今すぐ自分の職場に戻って、要らないものすべてにこれを張ってください」と色テープを渡した。

1カ月後、4トントラックを呼び、テープが貼ってある不要品を積み込んだ。すると、荷台はみるみるいっぱいになった。

こうして不要品を処分すると、雑然としていた階段、廊下、工場がとてもすっきりした。スペースや通路が広がり、作業、運搬がしやすくなった。工具類を探す時間も短縮できた。

前向きでなかった社員にも、作業効率の向上がはっきりと感じ取れるほどの変化だったのだろう。多くの社員に「ちょっと社長の話を聞いてみるか」という気持ちが芽生えている様子が伺えた。

講師役の私も俄然、研修に身が入るようになった。

私自身がユニシアジェックスで受けた新人研修のノートを参考に、ホウレンソウ（報告・連絡・相談）のあり方、品質・コスト管理、ＰＤＣＡ（計画・実行・評価・改善）の考え方など、社会人として、製造業の社員として、覚えておくべき知識を幅広く取り上げていった。

若手を巻き込み、改善活動も

意識改革の一環で、工場での改善活動にも着手した。

当初は全体会議を開き、社員から生産効率が上がるような提案を募っていた。だが、皆が一同に集まると、緊張してしまうのか、なかなか意見が出ない。

そこで、発言しやすい雰囲気をつくろうと、職場ごとに少人数の「ＱＣ（品質管理）サークル」を設けた。ふだん作業をしている中で思いついたアイデアを気軽に話し合えるような環境を整えた。さらに、若手社員が遠慮せずに発言できるよう、部署を超えて同じ年代の社員を集めた「クロスファンクショナルチーム」も立ち上げた。

そこから出てきた問題点は、どんな小さなことでも対応した。

「研磨作業でかがむので腰が痛い」という指摘には、いすを用意し、座って研磨してもらうようにした。それまで、製作途中の半製品はいったん床に置き、次の工程に進む時には一つひとつ持ち上げ、台車に載せて運んでいたが、「重い」「時間がかかる」

という指摘を受け、床に置くのではなく台車の上に置くようにした。数個まとまった段階で一気に運べるようになり、時間も労力もぐんと減らすことができた。

バラバラに置いていた工具をサイズ別に整理して並べるようにしたり、重い製品の製作用にチェーンブロックを導入したりもした。

大手メーカーに比べれば、ささやかな改善ばかりだ。だが、自分が提案した改善策が実行されれば、モチベーションが上がり、さらなる改善のタネを探し、気づき、実行するようになる。

コスト削減につながる重要度の高いアイデアは、全社員を集めた「QC発表会」で発表させた。活動を繰り返す中で、社員の「ムダをなくそう」「効率を上げよう」という意識が高まり、一体感を持って改善を進められるようになった。小さな改善が積み重なるたびに、「会社が良くなっていく」ことを実感できた。

3年の改革を始めて間もない頃、ダイヤ精機に〝神風〟が吹く。

急速な円高を背景に、主要取引先の自動車メーカーがグローバル展開の強化に動いた。海外工場でのライン増設に伴い、ゲージや治工具の需要が急激に膨らんだのだ。地道な改善活動と相まって、ジリ貧だったダイヤ精機の業績はV字回復を遂げた。

創業事業のゲージを守り抜く

「3年の改革」の1年目では、意識改革と同時に経営方針の策定も進めた。

社長就任に際して、全社員と話し合いの場を持った時、1人の社員が「新社長はどういう経営方針でダイヤ精機を率いるのですか」と聞いてきた。その時、「私の経営方針を固めなくてはいけない」と気づいた。

経営方針は社員と私とのベクトル合わせだ。

この会社の強みは何か。この会社が存在する意義は何か。社員に理解してもらえるわかりやすい言葉で示さなくてはならない。

1年がかりで考え、経営方針に盛り込んだのが「ものづくり大田区を代表する企業になる」「超精密加工を得意とする多能工集団である」といった文言だ。この経営方針を策定するに当たって、後に会社の存続を左右するような大きな決断も下した。

それは、創業事業であるゲージ事業の継続だ。

ダイヤ精機が主力とする自動車部品用のゲージは、ミクロン単位の超精密加工技術を要する。中には1ミクロンでも磨きすぎると不良品となってしまうものもある。治工具を扱う職人のレベルを1としたら、ゲージをつくる職人の技術レベルは4〜5にも達するほど難易度が高い。手がける職人の育成には時間も手間もかかる。

ゲージは製作が難しいうえに、大きなリスクを抱えた製品だ。自動車メーカーや部品メーカーは、ゲージを使いながら部品を大量生産する。そのゲージの寸法にごくわずかでも狂いがあれば、大量生産した部品は使えなくなり、巨額の損失が発生する。小さな町工場であるダイヤ精機も、損失の一部を負わねばならない可能性もある。

かつては「リスク単価」といって、仮に1度不良を出したとしても、赤字に転落することのないような価格が設定されていた。ところが、自動車業界が厳しくコスト管理をする中で、ゲージの価格もどんどん下がり、1回でも不良を出すと、赤字に陥りかねない状態になっていた。

巨額損失のリスクを抱える一方で利益率はさほど高くない。人を育てるにも時間がかかる。周囲には、そんなゲージの製造を「割に合わない」とやめていく会社も少なくなかった。

ダイヤ精機は当時、ゲージ事業から撤退しても十分、存続していけるぐらい治工具や金型部品で売り上げを稼いでいた。ゲージ事業からの撤退も現実的な選択肢の1つだった。

だが、私はあえてゲージを残す決断をした。

ダイヤ精機の源流とも言えるゲージは、たとえ儲けが少なくとも重要な製品。会社の起源を残すことには大きな意味があると考えた。「他の町工場にはできない精密なものづくり」に誇りを持っていた父の思いを引き継ぎたかった。

「ミクロン単位の加工はリスクが高い」という理由で撤退してしまっては、技術力は衰退する。あえて挑戦し続け、ダイヤ精機の看板にしようと思った。ただし、リスクを考慮し、全体の売上高の2割までにとどめることとした。後に、「ゲージ事業を残す」というこの時の決断が、苦境に陥った会社を救うことになる。

生産管理システムで「対応力」を強化

1年目の意識改革で会社の土台を整えることができた。続く2年目のテーマは、「チャレンジ」とした。世の中で「良い」と言われているものをどんどん取り入れ、新しいことに取り組もうと考えた。

まず決めたのが生産設備の購入だ。ダイヤ精機は業績が悪かったため、長年、生産設備を更新できていなかった。そこで、NC（数値制御）旋盤や汎用フライスなどの機械を思い切って4台購入した。

機械は1台1000万円ほどだから、総額4000万円にもなる。小さな町工場には勇気のいる決断だったが、前年、業績がV字回復を遂げてキャッシュが積み上がっていたこともあり、「今しかない」と突き進んだ。

続いて着手したのが、ものづくりを効率的に行うための生産管理システムの構築だ。ダイヤ精機には、複数の機械を使い、複数の工程をたどってつくり上げる製品が多い。製品によって形状も生産工程も異なる。究極の多品種少量生産を行っている。私がエンジニアとして勤めていた大手自動車部品メーカーでは、1カ月に扱う製品数は100点ほどだった。それに対して、当時のダイヤ精機は図面だけで7000枚。出荷製品数は1万点にも達していた。

取引先からは、高品質で適正価格であることはもちろん、急な依頼にも応じる「対応力」を評価いただいていた。この力をさらに強化すれば、低コストを武器にする中国勢などとの競争にも勝ち残れるはずだ。

対応力を高めるためには、多品種少量生産を徹底管理することが必要と考えた。生産の進捗を管理し、リードタイムを短縮し、急な注文や設計依頼にも応えられる体制を整えるのである。

当時、ダイヤ精機の進捗管理は極めて大ざっぱだった。オリジナルの生産管理システムを使っていたが、このシステムは売り掛け・買い掛け管理用で、受注後の進捗管理はできていなかった。

製品の受注後は各工場長が作業指示を出すだけで、いつ、何を、どの機械を使って、どんな工程を通して仕上げていくかは、各人がバラバラにノートやパソコンで管理していた。全体の生産状況を把握している人間はいなかった。今、製作中の製品がどういう工程にあるかわからないまま、取引先からのイレギュラーな「特急」注文にも対応していたのだから、かなり危うい状態だった。

一元管理にバーコードを導入

そこで、生産情報を一元管理できるよう、システムを一新することにした。リアルタイムで進捗や原価を見られるようにするため、バーコードを使って簡単に情報が入力できるソフトを探した。

展示会などで探し回り、ある会社のパッケージソフトを活用することを決め、2005年9月から導入した。以後、受注から納品までの流れをすべて自動で管理できるようになった。

製品を受注したら、作業指示書の代わりに、製品番号や工程情報などが入ったバーコードをプリントアウトし、図面に添付して工場に配布する。

社員は自分の担当する工程に取りかかる前と、作業を終えた後にリーダーでバーコードを読み取る。これによって、1万点にも及ぶ製品の生産情報が一元管理できるようになった。製品ごとに「材料取り」「形状加工」「穴開け」といった工程について、「未着手」「着手」「中断」「完了」などの作業状況をリアルタイムで確認できるようになったのである。

社員はいつ、どの製品の、どの作業に取りかかるべきかを明確に把握できる。作業の流れや仕事の段取りがぐっとスムーズになった。これまで毎日書いていた作業日報や進捗日報が不要になり、ものづくりに専念できる時間が増えた。

特急対応件数は月10件から20件に増えた。急な設計変更などの依頼があった場合も、該当製品が今どの工程にあるかがわかるから、即座に対応できる。狙い通りに、対応力に磨きをかけることができた。

また、新たに導入したシステムは材料費、外注費、作業工数などを入力することで、製作完了後に製品の原価を計算することができる。1品1品の原価を把握したうえで、コストのかかっている箇所を抽出し、「コストの高い外注をやめて内製に切り替える」といった策が立てられるようにもなった。

気難しいベテランたちも、「効果がある」とわかると、とことん活用してくれた。新システムの導入はダイヤ精機の強みを伸ばすうえでも、収益力を強化するうえでも大成功だった。

2006年、「3年の改革」の最後の1年は「維持・継続・発展」をテーマにした。2年間でつくり上げた仕事の仕組みや流れを整理し、標準化した。設計業務を担当していた社員に手伝ってもらい、一つひとつの業務の基準書をつくったのである。

受注から製作、納品までの基本的な業務の進め方を示した「業務処理基準書」、検査手順をまとめた「検査基準書」、不良品が発生した時に社内に報告するための「不良発生報告書」、材料を購入する際の手順を定めた「間材購入基準書」、製品の品質について定めた「品質管理基準」など、今までバラバラだった基準や手順をすべてフォーマット化した。

1年がかりでつくったフォーマットによって、その後、新入社員が入社した時も、効率的に「ダイヤ精機のやり方」を教えることができた。これらの基準書やフォーマットは、その後何度か改変を繰り返しながら、現在も社内に定着している。

「3年の改革」が終わりに近づいた2007年春、協力メーカーの担当者がこう言ってきた。

「最近、ダイヤ精機の社員さんたちは『俺たちは新生ダイヤだから』と楽しそうに話しているね」

社員たちがダイヤ精機は生まれ変わったと実感してくれているのは本当にうれしいことだった。心置きなく、「3年の改革」を完了することができた。

サプライズ企画で社員旅行に

「3年の改革」を終えた2007年夏のこと。

「積立金が貯まったから、社長、社員旅行に行きましょうよ」

幹部社員がそう誘ってくれた。

社員たちは少し前から「旅行会」をつくって毎月1000円ずつ積み立てていたという。私には全く知らされていなかったサプライズ企画である。

父が社長だった頃、ダイヤ精機は数年に1度、社員旅行をしていた。子供の私は、社員がみんなでワイワイ旅行に行っているのをうらやましく思っていた。

「3年の改革」を無事終え、ダイヤ精機は深刻な経営難から脱し、存続への基盤を築くことができた。主婦から社長への転身でてんてこ舞いだった私も、ようやく落ち着いてきた。社員旅行に行くにはまたとないタイミングだった。

「そうだね。行こう！」

その年の11月、全員で長野の旅館に行った。ゆっくり温泉に浸かった後、浴衣姿で宴会を開き、飲んでしゃべって楽しいひとときを過ごした。

「よくぞここまで変わったもんだよ」

「俺たち、社長に一生ついていきますよ」

幹部社員たちがこう言ってくれた。私にとって最高の褒め言葉だった。部屋に戻った後、枕を抱きしめながら声を殺して泣いた。

「ダイヤ精機の社長になってよかった」

「2代目として生まれてよかった」

苦しんだ末につかんだ喜びにしみじみと浸った夜だった。

若返りのためのプロジェクトチーム

「3年の改革」を終えた2007年、私は次に取り組むべきテーマを決めた。「人材の確保と育成」だ。

その大きな理由は、超精密加工技術を次代に継承する必要性を強く感じたことだ。

当時、ダイヤ精機の社員の平均年齢は53歳に達していた。このままベテラン社員が引退すれば、独自技術は途絶えてしまう。若返りが急務だった。

すぐにハローワークに求人を出した。だが、一向に応募がない。

ダイヤ精機が製造するゲージや治工具は一般消費者の目に触れない。ものづくりを支える極めて重要な製品ではあるが、ほとんどの若者にとってなじみがなく、「入社したい」という気持ちを引き出すのは難しかった。

そこで、20～30代の若手社員を集め、プロジェクトチームを結成した。若者が「ダイヤ精機に応募してみよう」と思うにはどうすればいいか、アイデアを出し合った。

まず、会社のホームページを見直した。若者が「この会社に応募してみよう」と思った時、親から後押ししてもらうための仕掛けを考えた。

ものづくりを手がける企業のホームページは、製品の写真を数多く掲載することが多い。優れた技術を持つ堅実な会社であることをアピールするためだ。だが、ダイヤ精機のホームページには、あえて社員の仕事風景や私の笑顔の写真をちりばめた。「どんな仕事をするのか」よりも、「どんな仲間と働くのか」を気にする親御さんたちが安心できるよう、明るさ、親しみやすさ、働きやすさを前面に出した。

大田区産業振興協会が開催する「モノづくり企業展（若者と中小企業をマッチング

するフェア)」にも出展した。ブースには、社員と私が並んでガッツポーズをしている写真を展示した。自社製品の写真を展示する企業が多い中、アットホームな会社の雰囲気を知ってもらおうと考えた。

ハローワークに出す求人票にも手を加えた。それまで、生産品目欄に「ゲージ」「治工具」など、一般にはなじみのないキーワードを記入していた。求職者がこれらのキーワードで検索することはほぼない。求職者の目に留まらないのも当然だった。そこで、若者が興味を持ちそうな「自動車」という言葉を加え、「自動車向けゲージ」「自動車向け治工具」と変更した。

「ヒューマンスキル」で人材を選ぶ

さらに、募集する人材について、未経験者を可とした。

第1章で書いたように、ものづくりの世界は、現場によって仕事内容もやり方も全く違う。即戦力になることを期待して製造業の経験者を採用しても、「今までの経験が生かせない」「前の会社ではこうだったのに…」という不満が生じ、長続きしないことが多い。「ダイヤ精機のやり方を学び、ダイヤ精機のやり方になじんだ〝ダイヤ精機製〟の職人をつくろう」と考えたのだ。

様々な工夫や施策が功を奏し、大田区でトップクラスの人気企業となった。集団面接会などでは、他社を訪れる入社希望者が5～6人なのに対し、ダイヤ精機には30人以上が列を成すようになった。3次面接まで実施し、絞り込むことが必要になったほどで、「ぜひ採用したい」と思うような優秀な人材を選ぶことができた。

採用に当たり、私が最も重視したポイントは「ヒューマンスキルの高さ」である。ヒューマンスキルといっても、特別な能力ではない。誰とでも親しく接することができるコミュニケーション能力、素直さ、謙虚さ、向上心…。求めたのはこうした資質、言ってみれば人柄だ。これらのヒューマンスキルがあれば、早く周囲に溶け込み、技術も知識も短期間で習得できる。

面接時には履歴書を出してもらったが、学歴は一切合否判定に使わなかった。大卒を優遇することもないし、工業高校や高専の出身者を「知識や技術を備えている」とプラスに評価することもない。中卒でも全く構わない。

あくまでも評価は人物本位。面接で見たのは社風に合うか、私と相性が合うかという点だ。

町工場の小さな組織なのだから、私は社員と家族のように付き合いたい。仕事の話もプライベートの話もできて、一緒にいる時間を楽しめる人を求めた。人間として「かわいらしさ」があるか、楽しく笑い合いながら付き合えるか、純粋に好意を持てるか。見極めたのはそういった点だ。

経験者を採用してきた時には「技術」に焦点を当てた採用だった。未経験者も可としてからは、「人」に焦点を当てた採用へと転換したのである。

「辞めたくなる時期」をどう越えるか

こうして採用した新入社員を、独自に考え、作成したプログラムで育成していった。それまでの中途採用の経験などから、会社に入ったばかりの社員には「辞めたい」と感じる「危険なタイミング」がいくつかあると分析していた。入社1カ月後、3カ月後、1年後という節目だ。

そこで、それぞれの節目に生じる不安や不満を解消し、次のステップに進むことを目的に独自の「人材育成プログラム」をつくり、それに沿って新人育成に取り組んだ。

新入社員には入社後1週間は座学の研修を行う。そこで会社のルール、社会人としての常識などを教え込む。その後はすぐに工場で旋盤、フライス、研磨機などの機械を扱い、実際の作業を学ばせる。入社してわずか1週間で、経験したことのないものづくりの仕事に関わるようになる。

初めに、担当する機械の取扱説明書を渡して読ませる。「安全に操作すること」が常に最優先事項であることを徹底して教え込む。一通り、使い方が頭に入ったら、機械のスイッチを入れたり、加工する製品を機械に設置したりという段取りを手取り足取り教える。

その後は、ほぼすべてOJT。新人であっても、すぐに機械を使って製品をつくらせる。主に比較的作業が簡単な製品や、過去に何度か注文を受けているリピート品を任せる。

練習をしたり、試作品をつくったりすることはない。いきなり本物の加工をさせる。熟練した技術が必要な1000分の1ミリ単位の作業や複雑な加工は任せられないが、100分の1ミリ単位ならば、すぐに挑戦させる。

練習というのは緊張感がないし集中しないから、一向に上達しない。最初から製品をつくらせたほうが早く成長するというのが私の考えだ。もちろん、うまくいかずに材料のロスなどが発生するのは覚悟の上である。

新人の不安を解消する「交換日記」

機械を使い始めるようになった新入社員の育成に不可欠なツールがある。私との間で1カ月間行う「交換日記」だ。

ごく普通の大学ノートを渡し、その日に担当した業務、作業内容、学んだこと、覚えたことなどを、何でも自由に書いてもらう。一般的な企業では「業務日誌」といった呼び方をすることが多いが、堅苦しくなるので、あえて交換日記とした。

新しい環境に入った新入社員は、誰でも不安でたまらなくなるものだ。仕事はなかなか覚えられない。機械もうまく操作できない。それも、ダイヤ精機の場合は、練習もせず、いきなり本番に臨むのだから、「無理だ」「できない」と感じることも多いだろう。そのまま放置すれば、自分の至らなさに自信を失くし、「辞めたい」という気持ちが芽生えてしまう可能性もある。

そこで、新人の心のケアに役立てようと始めたのが交換日記だ。書くという行為によって、その日に手がけた作業の情報が整理され、学んだ知識が頭に入るようになる。日記は新人のお世話をする先輩社員と私で回覧する。新人が書いたことに対するコメントや、疑問への回答、悩みへのアドバイスなどを書き込む。こうしたやり取りから、新人は「見守ってくれている」と感じ、漠然とした不安を解消できると考えた。

始めてみると、交換日記には一人ひとりの性格や個性がはっきり出ることがわかった。日記に書く内容、文字の書き方などが人によって全く違う。時間ごとにやった業務をきっちり分けて書く子、図を加えて詳細に作業の内容を描写する子、小さな字でノート一面にぎっしり書く子、さらさらと書き殴る子…。ノートをチェックするうちに、その人の性格や気質が浮かび上がってくる。

「頑張り屋で、負荷をかけると伸びそうなタイプ」「重要なポイントを抽出し、バランスよく書くことができてリーダー向き」といった個性を把握することで、それぞれに合った教育方法を見定めたり、適したポジションに据えたりできる。

ある年に入社したＫくんは、最初のうちは驚くほど丁寧な字できっちりと交換日記を書いていた。ポイントをまとめ、課題を抽出し、そつのない出来栄えだった。ところが、10日ほど経った頃、様子が変わった。乱雑に書き殴ったような字になってきたのだ。

この変化には2つの理由が考えられる。

1つは、最初のうちは「社長が見ている」という意識で丁寧に書いていたが、日を重ね、慣れてくるうちに、もとの大らかで大ざっぱな〝素〟の性格が出るようになったというもの。2つ目は、仕事に対するモチベーションが落ちているという見立てだ。やる気がみなぎっていた入社当初は、高い意欲がノートに表れていたが、徐々にそういう気持ちがダウンしたのかもしれない。

サービス業から転職してきたKくんにとって、ものづくりの現場は初めて。わからないことだらけ、うまくできないことだらけで意気消沈し始めたのだと思う。いずれにしても、ノートには心境の変化がはっきり表れ始めた。

「これは危険信号だ…」

交換日記の書き方から、そう感じ取った私は、同じ職場の若手社員に「Kくんの気持ちがダウンしているみたいだから、気をつけて見ていて」「少し大ざっぱなところがあるから、ケガをしないように注意して」といった指示をした。

ものづくりの洗礼を受け、挫折しかけていたKくんだが、周囲のフォローで再びモチベーションを取り戻し、意欲的に仕事に取り組めるようになった。

交換日記は新人の心模様の変化に気づき、きめ細かくフォローするのに最適なツールにもなった。

「チャレンジシート」で将来像を明確に

交換日記を活用しながら、入社1カ月ほどで訪れる最初の「辞めたくなる」タイミングをクリアしたら、次は3カ月後の節目がやってくる。この頃には、担当する機械が決まり、新入社員も本格的に仕事に取り組み始める。

新人はベテランと2人1組で機械を担当させる。ベテランの指導の下で仕事に慣れると、新人たちにも少し余裕が出てくる。将来を見据え、「この会社で自分はどう成長していけるだろうか」と思い始める。

そこで、目標設定や将来像を確認する手段として、「チャレンジシート」を活用した。

全社員との間で行う人事評価面談に向けて提出してもらうものだ。

事前に「業務内容」「今、取得している技術」「取り組んだ業務」「次の半期に取り組みたい業務」を記入してもらい、所属長の意見と評価を加える。

面談の際には、このシートを一緒に見ながら、今の課題、次に習得すべき技術、目指すべき方向などを話し合い、将来に向けた意識づけを行う。「あの製品をつくれるようになりたい」「あの人のようになりたい」という目標を明確にすることで、「このまま勤め続けていいのか」という迷いを解消する。

入社から半年、1年経つと、「自分は評価されているのか」「この会社に必要な存在なのか」と周囲の目が気になり始める。

この時期の「辞めたい」気持ちの抑制に活用したのが、先述した「QC発表会」だ。コストダウンにつながる改善の成功例などを新入社員にどんどん発表させる。日頃、一緒に仕事をしている社員だけでなく、全員の前で発表し、先輩から「お前、すごいな」と褒められると、「評価してもらった」「会社に必要とされている」という大きな自信につながっていく。

会社として育成の仕組みを整える一方、私からは新人に対して2つの指導をした。

1つは「失敗を恐れず、新しいことに挑戦しなさい」ということ。ダイヤ精機では失敗を問題視することは一切ない。むしろ、新人には失敗を奨励しているぐらいだ。

QC発表会で発表できるような改善アイデアを出し、実行に移すまでには、試行錯誤がある。その過程では、多くの不良を積み重ねることもある。ダイヤ精機では、こういう不良を問題と考えることはない。もちろん、不良品を出荷することは絶対にあってはならない。同じ過ちを2度、3度と繰り返すのも良くない。だが、新しいことに挑戦した結果、不良品を出してしまうことは、問題どころか、大いに結構だと考えている。

本社工場、矢口工場の2つの工場では毎月、いつ、誰が、どういう不良を出したか、なぜ不良になったか、これからどういう対策を取るかをまとめた「不良報告書」を作成する。この報告書を基に全体会議で不良の報告をする。

全体会議で不良の内容を共有することで、他の社員にも「同じ加工を担当する時には気をつけよう」という気持ちが生まれる。経験豊富な職人から、「それは、こういうやり方をしたほうがいいよ」「次はこうやったらうまくいくんじゃないか」とアドバイスをもらうこともできる。同様のミスを未然に防ぐ効果が期待できる。

新人は他の社員に比べ、不良の数が多くて当たり前だ。新人なのに不良の報告が少ないほうが危険信号。隠しているのか、それとも確実にできることにしか手を出さず、難しい加工に挑戦していないのか、どちらかと考えられる。

新人が不良を出せば、当然、材料がムダになり、ロス率が上がる。それは構わない。常に本物の材料で本物の製品に挑戦させる。本物をつくる緊張感の中でなければ、技術は身につかない。自由に、大胆にものづくりに取り組むことで、技術やノウハウが養われる。

「誰にも負けないもの」を持ちなさい

もう1つ指導してきたのが、「これだけは絶対に誰にも負けないというものを持ちなさい」ということだ。

「誰よりも早く出社する」でもいい。「一番大きな声で挨拶する」でも、「この工具のことならば誰よりも詳しくなる」でも何でも構わない。どんな分野、どんなテーマであっても、「誰にも負けない」と思えるものが1つあれば、自分に自信が持てる。誰かがそれを認め、評価してくれる。

ある年の新入社員は、「製品番号の刻印で一番になる」と宣言した。

ダイヤ精機が生産する製品は、取引先の指示に従い、すべてに製品番号をつける。金属製品に歯科医が歯を削る時に使うような工具を使って、細かい数字やアルファベットを刻み込むのだ。狭いスペースに小さな字を刻むことも多く、上手に彫るのは非常に難しい。

この刻印で一番になると決めた社員は、来る日も来る日も休み時間に練習をしていた。練習用の鉄にびっしり刻み、スペースがなくなると、表面を削ってまた練習する。これを繰り返すうち、本当に誰よりもきれいに番号を刻めるようになった。

すると、ベテランたちがその社員を頼るようになった。「材料費が高いから不良にはできない」「刻印のスペースが狭くて難しい」と思った時、代わりに刻印を依頼するようになったのだ。

「誰にも負けないもの」をつくり、継続すると、必ず誰かがそれを認め、評価する。評価してもらい、頼られると会社の中での自分の存在意義を実感し、自信を深め、さらなる成長意欲が湧く。「自分にしかできないことをやり続けることが強みになる」

と理解し、やがては技術で「誰にも負けない」ものを実現しようと心がけるようになる。技術で「オンリーワン」の存在になっていくのだ。

人材育成の軸はコミュニケーション

私がこうした人材育成の軸に置いたのがコミュニケーションだ。

32歳で急遽、主婦から社長に転身した私は、当初から創業者の父とは全く異なるリーダーを目指していた。

父は50メートルぐらい離れたところにいても、「社長」とわかるようなオーラがあり、社員の誰もが畏怖や畏敬の念を抱くような存在だった。何事もトップダウンで、圧倒的なリーダーシップを発揮しながら社員を引っ張っていた。

私には父のようなカリスマ性はない。若く、経験も不十分で、父のようにトップダウンで物事を決めることは不可能だったから、現場の社員の意見を吸い上げるボトムアップ型の経営を目指した。

意見を吸い上げるためには、社員とコミュニケーションを密にとることが必要だ。

社員との距離を縮め、自然にコミュニケーションをとれる関係をつくろうと考えた。できるだけ作業着を着て工場に入り、社員と一緒の時間を過ごすことを心がけた。社員の隣に立って作業を眺め、出来上がった製品を見ては「すごいね」「きれいな仕上がりだね」と声をかけて回った。社員一人ひとりの変化を見つけては、「髪切ったんだね」「目の下のアザ、どうしたの?」と話しかけた。

相手との距離を縮めるため、わざと「大阪弁」や「京都弁」を使うこともした。「今日は大阪弁の日やねん」と前置きしたうえで、こう言う。

「この図面、どうやったん?」

「何かうまくいってないことあるん?」

「この図面、どうでしたか?」と聞かれるより答えやすくなるようで、自然と会話が増える。

私は東京生まれの東京育ち。大阪弁も京都弁も縁遠い。「社長、何か変ですよ、その大阪弁」と指摘されたりもする。こうして、徐々に社員たちも構えることなく、社長の私と接してくれるようになった。「大丈夫? どこか悪いところはない?」と聞くと、「悪いのは顔だけです」と冗談が返ってくるような職場になった。

笑いのある空間をつくりたい

コミュニケーションの基本は笑顔だ。仕事中であっても私は、常に「笑い」を意識しながら話す。自分も笑うのが好きだし、相手にも笑ってもらうのが好きだ。笑いのある空間をつくりたい。笑顔が幸せを連れてくると信じている。

やがて、社員が「社長がどこにいるかは笑い声でわかる」と言い、工場を訪ねてきた取引先から「ダイヤ精機の社員はみんな楽しそうに働いているね」と言われるような雰囲気が生まれた。

この密なコミュニケーションやアットホームな雰囲気を、私は新人教育にも存分に活用した。

未経験者の採用・育成という、ものづくりの世界ではあまり例のない取り組みを始めたこともあって、当初は「すぐに辞めてしまうかもしれない」と不安だった。頻繁に工場に顔を出し、新人を見つけては声をかけた。

「会社は楽しい？」

「仕事は続けていけそう？」

「辞めたいと思ってない？」

何度も尋ねているうちに、笑いながら新入社員から「辞めてほしいんですか」と言われたこともある。ある年の新入社員が「あの機械を使いこなしている職人さんはもう60歳を過ぎています。早く僕が技術を学ばなくてはいけないと思っています」と会社の将来を考えた発言をしてくれた時には、驚き、うれしかった。

ベテランの意識改革が不可欠

コミュニケーションはベテランと新人との間でも極めて重要だ。

技術継承のため、若手の採用に乗り出した当初は、新人とベテランの2人1組で同じ機械を担当させていた。ベテランの技を次代につなぐためには、2人の間でコミュニケーションを密にとることが重要だ。

50代、60代のベテラン社員と10～30代の若手社員との間には、親子ほど、時にはそれ以上の年齢差がある。育った環境も時代も違うから、双方の認識には齟齬がある。

ベテラン社員たちは「自分たちは技術を盗んで覚えた」と主張する。若手社員は「ベテラン社員はちっとも教えてくれない」と不満を抱く。ベテラン社員は「わからないなら聞きに来ればいい」と考える。若手は「質問すると怒られそう」「何を質問すればいいかがわからない」と感じる。

両者の立場や考えは全く相容れない。平行線をたどってしまう。このままでは、肝心の技術の継承は進まない。

この点に関して、私はとにかくベテラン社員を説得した。「チャレンジシート」で若手が掲げた目標を達成するための手伝いをしてくれるよう、頼み続けたのだ。

「今の若い子は昔とは違う」

「過保護に育っているから、自分からは行動しようとしない」

「ベテランから教えてあげないと覚えられない」

いろいろな言葉を使って、繰り返しお願いした。

最終的には、ベテラン社員の口から、「今の子は教えてやらないとダメなんだよな」という言葉が出るまで〝啓蒙〟した。

一方、前職でサービス業に勤めていた社員は、総じてコミュニケーションなどのヒユーマンスキルが高い。いろいろなタイプの顧客と接してきた経験を生かすことができるのだろう。

挨拶や返事がきちんとできる。一見、ぶっきらぼうなベテラン社員とも臆することなく話ができる。わからないことがあったら、恥ずかしがらずに「わかりません。教えてください」と言える。

人付き合いのうまさが大きな強みになり、彼らは入社後、短期間で周囲に溶け込み、知識や技術を吸収していった。こうして、徐々にベテランから若手への技術継承を進めることができた。

顧客の要望に応え続ける「ザ・町工場」

ダイヤ精機が目指すのは「ザ・町工場」だ。

町工場とは、ヒト、モノ、カネの経営資源が限られる中で、高い機動力で顧客の要望に合う製品を供給し続ける存在である。そうした「ザ・町工場」となるために絶対に必要なのが「知恵」だ。それも1人の知恵ではない。全員の知恵を結集することが重要だと考えている。

どうすればより良い製品をつくれるか、どうすればより早く顧客に届けられるか。次々に浮上する問題を、みんなで知恵を出し合って解決できるのは、小さな工場ならではの強みだと思う。

工場内で2人の社員が何か話し込んでいたら、周りの社員も「何だろう」「どうかしたか?」と気になって寄っていく。私はそんな関係、そんな行動を求めている。技術はベテランから若手へと継承するものだが、新たな発見や気づきは若手が生み出すこともある。ベテランも若手も同等の立場で情報を伝え、意見を出し合い、うまくいったら、成功体験をみんなで共有することが大切だ。

いざという時に社員の知恵を結集するためには、日頃から良好な人間関係を築いておく必要がある。年の差があっても、役職の違いがあっても、言いたいことを言える間柄でなくては、何かあった時に近寄っていくことはできないし、意見も出せない。コミュニケーションは人材育成だけでなく、経営そのものの最重要ポイントだ。

工場で何か問題が起きた時には、何人もの社員がわっと集まる。全員が意見を言い、知恵を出し、問題解決を図るのがダイヤ精機のやり方だ。

ある程度の問題まではコミュニケーションで解決できる。社長である私、ベテラン、若手、新人と、年齢も役職も立場も超えて、お互いの思いを伝えられる職場づくりが大切だ。

日頃から何でも言い合える関係や雰囲気をつくっておくために、私はコミュニケーションの一環として、就業時間中も「雑談ＯＫ」と明言している。

人間の集中力が続くのは1時間ほどだ。根を詰めて作業をする超精密加工の現場では、息抜きも絶対に必要だ。黙ってひたすら作業していたからといって、生産効率が上がるわけではない。一休みしたい時には、積極的に周囲の社員と雑談をしてほしいと思っている。

私自身も、現場に行けば、社員と仕事に関係のない雑談で笑っている。

「社長、これ友達の結婚式に出た時の写真です。めっちゃかっこよく写っていませんか」

「ほんとだ。モデルみたいだね」

「社長、僕ね、昨日ドライブに行ってきたんです。きれいな景色でしょう」

「ずいぶん遠くまで行ったんだね。だから眠そうな顔してるんだ。ケガしないように気をつけてよ」

そんな他愛もないおしゃべりを楽しんでいる。

2人以上の社員が集まって話をしていたら、内容が何であれ、その場にいる他の社員も会話に加わってほしい。トイレに行く時などにも、他の機械を担当する社員と言葉を交わしてほしい。何でも気軽に話ができる関係こそが重要だと思っている。

リーマンショックで注文が8割減に

2008年9月、「リーマンショック」が発生した。深刻な景気後退が日本だけでなく世界を襲った。

リーマンショック後、しばらくはダイヤ精機の業績に変化は表れなかったが、2009年1月、注文が急に8割、取引先によっては9割も減ってしまった。私が社長に就任して初めて、単月で赤字を計上した。製造業はどうしても景気の波に翻弄される。業績の浮き沈みがあることは覚悟していたが、この後、赤字が1年も続くとは予想していなかった。

その間、少しでも損失を抑えようと、私の給料を手取り2万円に減らし、「雇用調整助成金」の受給を申請した。

ある時、仕事がなく時間を持て余していた社員たちを矢口工場に集め、「整理・整頓でもしよう」と、2階の倉庫の不要品を処分し、壁をペンキで塗った。きれいに塗られていく壁を見ているうちに、ふとひらめいた。

「このスペースはレンタルスペースとして活用できる！」

私は趣味でバレエを習っている。都内は稽古場の家賃が高く、バレエの先生方が困っているという話を聞いたことがあった。専門の業者を呼んで、バレエの練習にも使えるリノリウムを敷いた床に直し、鏡を取り付けた。「スタジオダイヤ」と名づけ、レンタルを始めたところ、口コミで次々と利用希望者が現れ、月に20～30万円を売り上げる収益源となった。

「全員リストラ」を覚悟するが…

需要が一向に回復せず、仕事がない日々が続いた時期に、「今しかできないことをやっておこう」と、「コミュニケーション能力の強化」をテーマに据え、社内でフットサルに挑戦したこともあった。

その間も、赤字は容赦なく続く。しばらくは預貯金などを切り崩してしのいでいたが、売り上げが回復しなければ、いずれ限界が来るのは明らかだった。

ついに、私は社員全員をリストラするという荒療治を考えるに至った。「無給でもダイヤ精機で働きたい」「転職活動はしない」という人だけを残し、再出発を図ろうとしたのである。

早速、主要取引先である大手自動車メーカーの担当者を訪ね、「3カ月後に社員全員のリストラを考えています。ご迷惑をおかけします」と事情を説明した。すると、思いがけないことに、先方から「実は今、うちの工場は人手が足りない。応援の人材を出してもらえませんか」という提案を受けた。

全員リストラを回避するにはそれしかない。社員たちのことを考えると断腸の思いではあったが、取引先の横浜工場へ9人を送り出すことを決めた。応援部隊となった社員たちは、先方の工場で清掃、検査、型の保全などの仕事を受け持ってくれた。9人分の人件費が浮いたことで、ダイヤ精機は赤字を大きく減らすことができた。

取引先への応援部隊派遣で急場をしのいだダイヤ精機は、その後、再び〝神風〟に救われる。ゲージの注文が次々と舞い込んだのである。

ダイヤ精機が手がける製品のうち、金型部品は景気の波に大きく左右される。規格大量生産が滞ると、如実に需要が減ってしまうのだ。

一方、ゲージは景気の影響を受けにくい。主要取引先である自動車メーカーは、不景気の時には生産量を減少させる。だが、景気が回復した時を見据え、新車開発は継続する。新車の大量生産に備え、新しい部品を測るための新しいゲージの需要が発生するのだ。

リーマンショック後の景気後退の局面でもそれが起きた。

リーマンショック後に日本経済を襲った急な円高によって、自動車メーカーをはじめとする輸出企業は海外生産に舵を切った。それに伴い、海外生産用のゲージの受注が急激に伸びた。

社長就任時にゲージ事業の存続を決めておいたことが功を奏した。事業リスクを考慮し、「ゲージの売上高比率は、全体の2割までにとどめる」という方針を打ち出していたが、この時期にはすべての注文を引き受けた。生産設備を増強し、一気にゲージ事業の拡大を図った。

「仕事がない」状態は一変し、現場は大忙しとなった。売り上げは順調に回復し、2010年1月には月次業績が黒字に戻った。

新たなフロンティア開拓に動く

国内経済にリーマンショックの余波がまだ続いていた2011年3月、東日本大震災が発生した。取引先メーカーの中にも甚大な被害を受け、国内生産が滞る工場が出た。だが、ダイヤ精機では、引き続きメキシコや中国向けの製品が堅調で、業績に陰りが生じることはなかった。

危機をなんとか乗り越えた私は、この頃から会社の将来をより強く意識するようになった。

社長就任以来、私は経営基盤を固め、人材を確保・育成することに力を注いだ。その結果、経営体質は強固になり、技術を継承する若手も育っていった。収益低迷、従業員の高齢化といった問題を抱える町工場が多い中で、新しい仕事を請け負える体制が整ってきた。

従来、ダイヤ精機は主に自動車業界からの注文を受けてきた。だが、医療、電機、機械など別の業種にも取引先を広げる力が十分に備わっている。

それまで会社の体制固めに必死だったこともあり、私の外向きの努力は全くおろそかだった。「新たなフロンティアを開拓するためにも、ダイヤ精機の名を全国に広めたい」。そう思うようになった。

ダイヤ精機の名を広めるといっても、マスメディアで企業広告を展開するには多額の費用がかかる。お金をかけずに名前を売る方法はないか。

思いついたのが、東京商工会議所が主催する「勇気ある経営大賞」への応募だ。厳しい経営環境の中で、勇気ある挑戦をしている中小企業を顕彰するもので、その活動を広くPRすることで、後に続く企業に目標と勇気を与え、経済活性化につなげることを狙いとしている。

私は過去の受賞例を研究し、自ら論文を執筆した。幹部らに見せて、意見を聞き、何度も書き直した。応募企業160社の中から1次選考、2次選考をくぐり抜け、審査員の前で15分間のプレゼンテーションを行う最終選考へと進んだ。その結果、大賞は獲れなかったものの、優秀賞を獲得した。

続いて、「東京都中小企業ものづくり人材育成大賞」にも挑んだ。東京都内の中小企業で、技能者の育成と技能継承に成果を上げた会社を表彰するものだ。最上位の「知事賞」を狙い、「奨励賞」を受賞した。

こうした取り組みで、ダイヤ精機の知名度はジワジワと上がっていたのだろう。

全く予想もしていなかったことだが、2012年12月、雑誌「日経ウーマン」が各界で最も活躍した働く女性に贈る「ウーマン・オブ・ザ・イヤー2013」に私が選ばれた。

この受賞で、私やダイヤ精機は一躍、「町工場の星」と呼ばれるようになった。新聞・雑誌、テレビなどで取り上げられる機会もぐんと増えた。私は広告塔のつもりで取材やテレビ出演を極力引き受けるなど、積極的に表に出ていった。

２０１３年秋頃になると、それまで付き合いのなかった企業からも続々と問い合わせや発注などの連絡が入り、そこから新規の受注が生まれた。ダイヤ精機の新たな歩みが始まったのである。

私が見る
〝町工場の星〟
3

大田区の経営者仲間（ナイトペイジャー社長）
横田信一郎さん

きつくても逃げない。すごい人です

僕は東京・大田区でナイトペイジャーという小さなメーカーを営んでいます。取り扱うのは車の改造部品や特注品などで、インターネットを通して販売しています。

諏訪さんとは、大田区内で製造業を創業した方が主催していた「若手経営者の会」で出会いました。月1回ぐらい勉強会を開いたり、講師の話を聞いたりする会で、高校を卒業後、父が経営していた有限会社京浜精密製作所の専務を務めていた僕も、ダイヤ精機の社長になって間もない諏訪さんもメンバーになっていました。

初めの頃は、同じ会にいる者同士、面識があるという程度でした。中小企業庁長官を招いた勉強会などで、諏訪さんが物怖じすることなく、バンバン意見を言っているのを見て、「すごくしっかりしている人だな」と感じていました。

親しくなったのは、ある時、飲み会でたまたま近くに座ってからです。諏訪さんが専業主婦から転身し、先代から社長を引き継いだこと、リストラや経営改革によって、経営難にあった会社を再建したことなどを聞きました。僕も町工場の跡取りとして苦労したり悩んだりすることがあったので、すぐに意気投合しました。以来、気の合う仲間で飲みに行ったり、ボウリングに行ったりと親しく交流するようになりました。

諏訪さんと話していると、すごく前向きで、何事もパッパッと決断している印象がありま す。そういう気丈な面がある一方、天然キャラが炸裂していて(笑)、「大丈夫か?」と思う部分もある。そのギャップが面白かったですね。

2008年にリーマンショックが発生すると、父が経営していた京浜精密の状況は一変しました。主要取引先だった大手メーカーからの注文がストップし、1カ月の売り上げがそれまでの3000万円から3万円にまで激減したのです。大量の仕掛かり在庫を抱え、資金繰りも悪化。あっという間に経営危機に陥ってしまいました。

京浜精密は30人ほどの職人を抱える比較的規模の大きい町工場でした。ただ、職人さんの多くは60代、70代と高齢化していました。そんな中で経営危機に陥り、このまま下請けの仕事を続けていいのだろうかと悩み始めました。

諏訪さんに「ちょっと話を聞いてもらえる?」と声をかけ、相談に乗ってもらいました。「経営が傾いた時にはどうすればいいのか」「社員を減らしたい時にはどうしたらいいのか」と、頻繁に電話をしたり会ったりして話を聞きました。

今にもつぶれそうな会社の人の話を聞いたり、相談に乗ったりするのは、誰でも本音では避けたいものです。気の重い話だし、自分が言ったことの責任も取れませんから。そんな中で、諏訪さんが快く話を聞き、アドバイスをしてくれたのは本当に心の支えになりました。

会社を存続させるなら、高齢の職人さんの一部に辞めていただく必要がありましたが、僕はウジウジと思い悩み、踏み切れませんでした。諏訪さんには、「そこは心を鬼にしなくちゃ!」と言われましたが…。ダイヤ精機でリストラした時、諏訪さんは「夜道で後ろから刺されるかもしれない」と思ったそうです。「本当に肝が据わっている」「俺は覚悟が足りない」と感じさせられました。

最終的には、取引先の半導体装置メーカーに在庫の一部を買い取ってもらい、現金化できたタイミングで、残った債務を返済し、会社を畳むことを決めました。その決断を諏訪さんに伝えると、諏訪さんはすぐに工場に来て、15台ほどあった機械を見て回り、「これとこれを買わせてもらうね」と2台の買い取りを即決してくれました。その代金も、債務の支払いに回せたので、とても助かりました。

自分自身、「経営が傾いた町工場の経営者」になってみて、改めて諏訪さんのすごさがよくわかった気がします。

この立場では、どうしても気分が鬱々とするし、ネガティブな方向に判断が傾きがちになります。ところが、諏訪さんは「来るものをすべて受け入れる」という、一種の開き直った感じがある。次から次へと出てくる問題に逃げずに対峙し、解決する精神力や胆力を備えています。しかも、「めちゃくちゃ性格のきつい女社長」というのではなく天然キャラ（笑）。周りの人も「支えてあげたい」「助けてあげたい」という感じになります。

会社の魅力とは、すなわち社長の魅力です。「この人の下で働いてみたい」「この人と一緒に夢を見たい」と思える社長の下に、人は集まります。働いている人間には、

「この会社はそろそろヤバイぞ」という気配がすぐに伝わります。仕事が減って、社長が浮かない顔をしていれば、社員は「危険」を感じ取り、早々に逃げていきます。

ダイヤ精機にもそういう局面があるはずですが、諏訪さんは工場でいつもキャッキャッと笑い、上手に楽しい雰囲気をつくっている。その楽天的な感じが、社員さんたちの安心感にもつながっているのでしょう。

一方で、厳しく締めるところもありますよ。ある朝、出勤途中の諏訪さんが、〝鬼の形相〟で歩いているところに出くわしたことがあります（笑）。「ずいぶん怖い顔してるね」と声をかけたら、「今日はこれから社員を叱らなきゃいけないから」と言っていました。そういうメリハリも上手につけているのだろうと思います。

京浜精密を畳んだ後、「ものづくりでやりたいことが残っている」と感じた僕は、諏訪さんと出会うきっかけとなった「若手経営者の会」を主催していた方や地元の同業者から支援をいただき、ナイトペイジャーを立ち上げました。得意分野や専門分野に特化したスモールメーカーとして好きなものを商売にしたいと、今は妻と2人で頑張っています。

規模や方向性は違いますが、同じものづくりの経営者仲間として、諏訪さんとも長く良い関係を続けていきたいです。（談）

2. 幹部の退社、コロナ禍…挫折を糧に

バブル崩壊後のジリ貧状態を脱し、リーマンショックという大きな危機も乗り越えたダイヤ精機は、ベテラン社員も若手社員も活躍する町工場として前進を続けた。

２０１８年、そんなダイヤ精機にとって予想外の〝事件〟が起きる。本社工場の副工場長を務めていた40代のＩくんが退社してしまったのである。

Ｉくんは父が社長だった時代から活躍してきた社員だ。大学卒業後、フリーターをしていたが、「このままではまずい」と一念発起し、技術専門校で旋盤の扱い方を1年間学び、入社してきた。

ダイヤ精機では、ボール盤、円筒研削盤などの機械を担当し、実践で技を磨いた。一時は、超高精度の自動車部品用マスターゲージの加工を一手に引き受けるなど、現場の中核を担う存在だった。

新しい人材の確保と育成に取り組み始めて以降、採用した若手社員は20人ほどにの

ぼる。そのほとんどが、超精密加工を担う若き職人として定着してくれている。

その中で、中心的存在だった幹部社員のＩくんが退社したのは、私にとって手痛い挫折と呼ぶべき出来事だった。

人間関係がきっかけで心の病に

Ｉくんが退社に至った直接的なきっかけは、２０１７年に中途採用した社員とのソリが合わないことだった。

前述のように、人材の確保・育成を始めた２００７年以降、ダイヤ精機ではものづくりの未経験者を採用し、自社内で育成する方針をとっていた。だが、２０１７年頃、海外向けゲージの需要拡大で仕事量がぐんと増えたことにより、即戦力となる人材も必要になった。そこで、久しぶりに経験者を採用することにした。

採用に当たっては、私だけでなく、Ｉくんをはじめとする社員にも面接の場に同席してもらった。「ダイヤ精機の雰囲気に合うか」「コミュニケーションをとりながら仕事ができそうか」という点も確認した。

何人かを面接した末に、ある中小メーカーの勤務経験がある男性を採用した。Ｉくんが副工場長を務める本社工場に配属し、研磨作業を担ってもらうことにした。社員たちの合意も得て迎え入れた経験者だったが、やはりダイヤ精機の空気には合わないところがあった。言葉使いや言い方がきつく、その社員のことを「苦手」と感じる若手社員が増えてしまった。

私も、問題となるような言動を直接見聞きした際には、本人にその場で注意や指導をした。

「そういう言い方はよくないね」

「もう少し、違う言葉で説明したほうがいいんじゃない」

こう伝えると、「わかりました」と言って、受け入れる。だが、物言いや振る舞いの癖はなかなか変わらなかった。

その社員はＩくんより10歳ほど上で、知識も経験も豊富に備えていた。一方、ダイヤ精機の中では、副工場長のＩくんが上の立場になる。そういう複雑な関係性の中で、その社員にも変なライバル意識が芽生えてしまったのかもしれない。年下の幹部に張り合いたい気持ちもあったのだろう。特にＩくんへの当たりが強かった。きつい言い方や態度を繰り返し、次第にIくんが自信をなくしていってしまった。

私が初めに気づいたIくんの変化は、「なんとなく怒りっぽくなった」ということだった。同じ職場にいる若手に厳しい言動をとることが増えた。知識も経験も自分より上の中途社員からの当たりが強いことで、「負けたくない」「自分がリーダーだ」と、虚勢を張るようになってしまったのかもしれない。

そのうち、徐々に会社を休みがちになった。無断欠勤こそないが、時々「起きられないので休みます」と連絡が来る。翌日は頑張って出社してくる。だが、また次の日は休んでしまう。そんなことを繰り返した。

Iくんの精神面の不調を感じ取った私は、病院で受診することを勧め、Iくんもそれに応じた。すると、やはり抑鬱状態にあるという診断が出た。

「診断が出たのだから、休職していいよ！」

そう伝えたが、根っから真面目なIくんは、「会社に迷惑をかけることはしたくありません」という。休職せず、会社に出たり、休んだりすることが続いた。

不調のきっかけとなった中途採用の男性からは距離を置いたほうがいい。仕事も、ミクロン単位の加工で神経を使う研磨よりも切削のほうがいいかもしれない。そう考えて、Ｉくんを本社工場から矢口工場に異動させた。

だが、慣れない切削作業を手がけることも、また新たなストレスのタネになった。

「ゆっくりやればいいよ」

「疲れたら帰っていいよ」

周囲の社員がこう気を使うのも、Ｉくんにとっては重荷になったようだ。メンタルが不調に陥ったＩくんには、打つ手すべてが悪い方向に作用してしまった。

「これ以上、皆さんに迷惑をかけたくありません」

Ｉくんはこう言い残し、結局、会社を去っていった。

「リーダー役は荷が重いと感じていた」

Ｉくんには２０１２年から本社工場の副工場長を務めてもらっていた。採用の拡大によって増えた若手とベテランとをつなぐ中間管理職が必要になり、中堅社員だったＩくんに白羽の矢を立てた形だ。

リーダーとしての自覚を持ったＩくんは、後輩とよくコミュニケーションをとりながら指導に当たっていた。２０１８年に異変が生じるまで、立派に副工場長の仕事を全うしていた。

だが、ダイヤ精機を辞める時になって、Ｉくんは「本当はリーダー役を務めているのは荷が重いと感じていました」と漏らした。

メンタルの不調の直接的なきっかけは、中途入社してきた社員との人間関係だったかもしれない。だが、もともとＩくんは自分自身の技能を極めたいタイプだった。リーダーには向いていなかったのだ。

ミクロン単位の研磨で精神的に気を使ううえに、リーダーとして後輩の世話もしなくてはならない。その環境に知らず知らずのうちに神経をすり減らしていたのだろう。

全幅の信頼を置いていたＩくんの退社は、私にとっても大きなショックだった。自分自身が落ち込みすぎないよう、「もっと素晴らしい人材がダイヤ精機に入ってくるチャンスが生まれたのだ」と捉えるように努めた。だが、本当のＩくんを理解してあげられなかったこと、抱えていたしんどさ、つらさに気づけなかったことに自責の念を抱いた。

「心のケガ」にも気配りを

Ｉくんを襲った鬱病は「心の風邪」ともいわれる。真面目で責任感が強い人ほど、かかりやすい。ダイヤ精機の社員は、いつでも、誰でもかかる可能性がある。

超精密加工のものづくりの現場では、旋盤やフライスなど危険な機械を扱う。それまで、私は社員たちに「ケガに気をつけてね」と声をかけるなど、身体的に安全な職場環境づくりにばかり目を向けていた。だが、社員たちが本当に情熱とやりがいを持って仕事を続けていくには、「心のケガ」にも気を配らなくてはならない。

精密加工技術を次世代に継承させるには、ＯＪＴで自ら技術を身につけ、いろいろな先輩の話を聞き、やりようを見て、様々なやり方を試してみる…といった具合に、多様な経験を積ませることが欠かせない。何よりも長く勤めてもらう必要がある。

想定外だったＩくんの退社を受け、私は残る社員たちに長く働き続けてもらうための新たな仕組みや体制づくりが必要だと考えた。

Ｉくんの不調のきっかけにもなった中途入社の社員とは、直接話し合い、辞めていただくことにした。

ダイヤ精機は社員30人弱の小さな組織だ。２つの工場には、それぞれ10人程度の社員しかいない。１人でも言動に問題がある社員がいれば、周囲の社員にとっては大きなストレスになる。

前述のように、辞めてもらった社員に対しては、「周囲の社員が嫌な気持ちになったり萎縮したりすることがないよう、言葉使いや態度を改めてほしい」と繰り返し注意や指導をした。だが、自身が長年過ごした環境の中で自然と身についた言動は、最後まで修正することができなかった。

「やはり〝ダイヤ精機製〟の社員でなくてはうまくいかない」

この１件で、私は再びそれを痛感した。

社長自ら「心理カウンセラー」に

もう１つ、私はある決意を固めた。

それは私自身が「心理カウンセラー」の資格を取得することである。カウンセラーの知識やノウハウを身につけ、社員たちに寄り添い、その心をよく理解することで、長く勤め続けてもらう環境を整えようと考えたのだ。

私はもともと、「人間の普遍的な真理」や「人の心がどう動くか」に興味があり、哲学や心理学の本を好んで読む。そこで、心理学を体系的に学ぶことを決めた。

社長業のかたわらでカウンセリングの勉強もするとなれば、圧倒的に時間が足りないことは目に見えている。だが、「寝る時間を削ってでもやる！」と腹をくくった。

カウンセラーの勉強をするにはいくつか方法がある。

臨床心理士や公認心理士といった国家資格は、専門の大学や大学院で学ぶことが欠かせない。一方、民間の協会や団体の資格は、通信教育の講座を受講することで取得できる。時間のない私には、後者の道が適当だ。

そこで、日本能力開発推進協会の「メンタル心理カウンセラー資格」の取得を目指した。医療・福祉・教育・産業界など、様々な場所で求められるカウンセリング能力を備えていることを証明する資格である。

早速、教材を取り寄せ、心理学や精神医学の基礎知識、カウンセリングの理論と実践スキルなどを学んだ。テキストやＤＶＤを使って自習し、テーマごとに添削問題

通信教育で学び、上級心理カウンセラーの資格を取得した

を解き、答案を提出する。カリキュラム修了後には検定試験を受け、70％以上の得点が取れれば合格となる。

テキストは相当なボリュームがあり、覚えることも多かった。毎日、会社から帰宅後、深夜まで3～4時間かけて必死に勉強した。その甲斐あって、3カ月ほどで資格を取得することができた。

続いて、「メンタル心理カウンセラー」の上級資格で、より高度な知識や技術を備える「上級心理カウンセラー」の資格取得にも挑み、２０１８年中に実現した。

実は、心理カウンセラーの資格取得については、Ｉくんの一件が起きる前から興味を持っていた。社長に就いてから、「誰にも相談ができない」状況を、自分自身、苦しく感じることがあったからだ。

経営者にこそカウンセラーが必要

経営者というのは孤独な存在だ。会社が難しい局面にあっても、1人で悩み、考え、決断し、実行しなくてはならない。時には不安になったり、弱音を吐きたくなったりすることもある。だが、学生時代の友人などにそれをぶつけることは難しい。

友人同士で会った時、仕事や会社の話になることがある。誰かが悩みを打ち明けると、別の友人から出るのは、「体を壊してまで無理に働くことはない」「いつでも辞めればいい」といった言葉だ。

普通の会社員や主婦の立場であれば、全くその通りだと思う。だが、経営者はそうはいかない。苦しくても、つらくても、会社から離れることはできない。社員と、その家族の生活を絶対に守らなくてはならないからだ。

友人たちと経営者の私とでは、見ているものが違う。価値観が違う。抱えている責任の重さも違う。仮に友人たちに社長としての悩みを打ち明けたとしても、理解してもらうこと自体が難しい。解決策をアドバイスしてもらうのは不可能だ。

私は、経営者にこそカウンセラーが必要だと思う。

米国などでは、経営者も日常的にカウンセリングを受けている。だが、日本では、「経営者がカウンセリングを受ける」ということにマイナスのイメージがある。「あの会社の社長はカウンセリングを受けているらしい」という噂が広がれば、「会社は大丈夫か？」と不安視されてしまう。

経営者がオープンにメンタルケアができるような環境づくりを進めるべきというのが私の持論だ。実は、東京都では、それを推進する役割も果たした。

私は２０１８年から東京都の「中小企業振興を考える有識者会議」の委員を務め、「東京都中小企業振興ビジョン」の策定に携わった。その中で、「社員のメンタルヘルスについては注目され、拡充されているが、経営者に関しては全く手薄である。今後、事業承継者や女性経営者が増えることが想定される。経営者のメンタルケアもしていく必要がある」と訴えたのである。この訴えをきっかけに、東京都は女性経営者が専門家や先輩の女性経営者らに相談できる「メンターミーティング」を1時間無料で提供するプログラムを開始した。

だが、全国的に見れば、経営者のメンタルケアはまだまだ不十分だ。いずれ私が経営者を引退したら、経営者目線を持つカウンセラーとなり、全国の中小企業経営者を支援したい。密かに、そういう夢を抱いていた。

Ｉくんの退社は、そんな私の背中を押した。

「引退まで待てない。社員のメンタルケアに取り組むためにも、今すぐ心理カウンセラーの勉強を始めよう！」

一歩を踏み出すことを決意したのである。

「行動」の源には「考え方」がある

カウンセラーの資格を取得するための勉強を通して、強く印象に残ったことがある。

「人の『行動』の源には、その人の『考え方』がある」ということだ。

ある事象が起きる。それに対して、人それぞれが考えを持つ。その考えから感情が起こり、感情に従って行動に移す。人が行動を起こす背景には、事象→考え方→感情→行動という流れがあるのだ。

恋愛で例えてみよう。

「ある人と出会った」という事象が起きる。「優しい。年上で頼もしい」という考えが芽生え、「好き！」という感情が生まれる。その人と仲良くなりたいという思いで「話しかけてみる」「連絡先を聞く」といった行動を取るようになる。これが、事象↓考え方↓感情↓行動という流れだ。

一般的な企業経営において、経営者らリーダーは社員の行動ばかりに注目し、指導や注意によって是正しようと動くことが多い。実際、私自身も社員の行動のみに目を向け、評価していたように思う。

だが、世代も育った環境も違う経営者と社員では、そもそも考え方にギャップがある。考え方のギャップを埋めることなく、社員たちの行動だけを是正しようとすると齟齬が生じる。

昭和の時代の社員たちはストレス耐性が高かった。上司から自身の行動に対する指導や注意を受けた時、不満に思うことはあっても、従うことができた。

だが、今の時代は違う。家庭でも学校でも叱られることが減った今の社員たちは相対的にストレス耐性が弱い。上司から言われたことに従うのは嫌だと感じる。かといって、「考え方が違います」と主張することもできない。ここに、メンタル不調のタネが生まれる。

リーダーに必要なのは、社員一人ひとりに寄り添い、伴走し、考え方を知り尽くすことだ。必要に応じて、考え方の転換を促す。考え方が変われば、違う角度から物事を見ることができるようになり、行動が望ましい方向に変化する可能性がある。

「今の若い人はチャレンジしようとしない」とよく言われる。だが、チャレンジしようとしない理由を探れば、一人ひとり違った考え方がある。

「失敗したら恥ずかしい」と考える人もいる。また、「自分はまだそのレベルに達していない」という考えの人もいる。「そもそも、別にやりたいことがある」と考えている人もいるかもしれない。

「チャレンジしようとしない」という行動は同じでも、人によって根っこにある考え方や感情は異なる。「チャレンジしようとしない」という行動を変えるには、考え方から転換する必要がある。

例えば、「失敗したら恥ずかしい」と考える人には、「失敗は成功への過程だよ」「『こうするとよくない』と学ぶ機会になるよね」と説明し、「失敗は恥ずかしいことではない」という考え方への転換を試みる。それができれば、「そうか、それならちょっと試してみようか」という感情を生み、「チャレンジする」という行動に結びつくかもしれない。

1対1の面談で本音を引き出す

私はカウンセラーの資格取得で得た知識を早速、経営に生かしていった。20~30代の社員との対話の中で、彼らの考え方を探り、教育や人事などに応用するようにしたのである。

具体的には、若手社員の人事評価面談の方法や内容を改めた。それまでは年に2回、私と工場長と若手社員の3人で行っていたが、年に1回、私と社員の「1on1(1対1)」で行うスタイルに変更した。

チャレンジシートをベースに、目標設定や将来像を確認することは以前の人事評価面談と変わらない。ただ、以前は基本的に私と工場長の中で、「この社員には今後この技術を習得してほしい」「この方向を目指してほしい」という要望があった。それを本人にも意識してもらいながら、一緒に目標をつくったり、将来像を確認したりする場としていた。今は、担当している業務を踏まえて、社員自身が「これから何をやりたいのか」「どういう道を目指したいのか」を聞き出す場としている。

私からは社員が自由に答えられるよう、「これについてはどう思う？」とオープンクエスチョンを投げかける。やりたいことが明確に定まっていない社員には助け船を出す。「今の状況はこうだよね。こちらの道に進みたい？　それとも、こちらの仕事に挑戦してみたい？」という具合に尋ねて希望を引き出す。私の意向や要望、会社が求める方向などを伝えることはしない。社員にとって、最も大きなストレスは「やりたくないことをやること」だろう。それを避けるため、とにかく本人に決定権、選択権を与える形としている。

以前の面談は、業務に関する内容ばかりだったが、今はワークライフバランスを踏まえた働き方についての希望も、あれば伝えてもらうようにしている。

以前の面談は早ければ1人10分ほどで終わることもあった。1on1スタイルの今は1時間以上かけて、社員の考えや気持ちをじっくり引き出している。

配属、昇進も本人の希望を優先

1on1の面談で社員の状況や考えを深く知り、異動にも生かす。以前は私や工場長の考えを基に、育成方法や配属を決めていた。今は会社の方針より何より、本人の意向を最優先している。

ある社員は、矢口工場で切削作業を担当した後、本社工場で研磨作業を担当していた。だが、1on1の面談で、本人が「研磨はなかなかうまくできない。切削をやりたい」という意向を口にしたことから、矢口工場に戻した。以前ならあり得なかった復帰だ。

子供が生まれたばかりの別の社員は、「家で子供の世話がある。定時で仕事を切り上げて早く帰宅したい」という希望を伝えてきた。その社員は2人いる本社工場の副工場長の1人で、周囲が残業をしている中、早く帰宅しなくてはいけないことに引け目を感じていた。

子育てで大変な期間というのは一時的だ。その時期は、社員みんなで協力すべきだろう。面談で希望を引き出したことで、「私から周りの人に状況を伝えておくね！」と対応を取ることにした。

同時に、もう1人の副工場長を工場長に引き上げることも決めた。同じポストの社員を工場長に昇格させ、あえて差をつけることで、子育て中の社員の心理的な負担を減らす狙いだ。従来の工場長は70歳と高齢で、引き継いでもらうのにもちょうどよいタイミングだった。

副工場長だった社員を工場長に引き上げる際にも、一方的に決め打ちせず、本人の意向、意思を確認した。「私はあなたを工場長にしたいと思うけれども、あなたの気持ちも大事だから、ご家族にも相談して答えを出してね」と伝えた。

仮に、本人が「リーダーはやりたくないです」と言えば、「わかった。やらなくても大丈夫よ」と引き下がる。リーダー役を受けなかったからといって、本人の評価にマイナスをつけるようなことはもちろんしない。

以前は、比較的年齢が上で、経験値が高く、コミュニケーション能力の高い社員を副工場長などに抜擢することがあった。Ｉくんはまさにその1人だ。

だが、リーダーへの抜擢を「新しい世界に飛び込むことで勉強の機会が得られる」

と前向きに捉える人もいれば、責任感が強いがゆえに、重く受け止めて負担に感じてしまう人もいる。リーダーにはやはり性格の向き・不向きがあるというのがＩくんの退社から得た私の学びだ。

今は1on1の面談で目標を設定しながら、「会社全体のことを考えられるか」「人を動かせるか」「メンタルは強いか」といった点を見極め、何よりも「本人にリーダーに挑戦しようという意欲があるか」を確認したうえで、上の役職に就ける人材を選ぶ形にしている。

「社員一人ひとりのやりたいことや望みを聞いていたら、異動や配属の収拾がつかなくなるのではないか」

こう聞かれることがある。だが、ありがたいことに、今のところ、社員たちの希望が特定の分野に偏るようなことはない。「この加工を担う社員が足りない」「この機械を希望する社員ばかりになった」といった問題が起きることなく、バランスよく収まっている。

小さな会社で誰が何を得意としているかをお互いに把握しているから、社員たちには会社のあるべき姿と、その中で自分が何を担うべきかが明確に見えているのかもしれない。

デール・カーネギーの著書『人を動かす』を読んだ時、「人を動かすには、相手が欲しがっているものを与えるのが唯一の方法である」という一節に出合った。心理カウンセラーの知識を得た今、「確かにその通りだ」と深く納得できる。社員を動かすためには、まず社員たちが欲しがっているものをきちんと把握することこそが重要だと思う。

半導体不足による自動車減産で危機に

2020年、世界が重大危機に見舞われた。中国・武漢を発生源とする新型コロナウイルス感染症の広がりだ。

パンデミックは経済、社会活動に大きな影響を及ぼした。感染防止のため、「ステイホーム」が呼びかけられ、テレワークが普及するなど、人々の働き方や生活様式も大きく変わった。

ただ、ものづくりの世界は、サービス業などと違い、現場の作業が不可欠だ。感染者が増え始めた当初、ダイヤ精機では少しの受注減はあったものの、2つの工場とも以前と変わりなく稼働を続けた。社員たちも普通に出社し、作業に追われていた。

だが、2021年になると様相が変わっていく。

きっかけはコロナ禍や米中経済摩擦、サプライチェーンの混乱などによって世界中で生じた半導体不足だ。自動車に搭載する半導体を確保できない完成車メーカーが減産を余儀なくされた。それに伴い、ダイヤ精機が手がける金型部品の需要も急減してしまった。

単月の売り上げが損益分岐点に到達せず、赤字に陥る月が出始めた。2021年7月期は黒字を確保したが、2022年7月期にはリーマンショック以来の赤字を計上することになった。

かつて、私が社長に就任した当時、ダイヤ精機はジリ貧の経営状態にあった。そこから「3年の改革」を実行することによって再生を果たした。

リーマンショックで売り上げが急減し、赤字が続いた時には、取引先の自動車メーカー工場に応援部隊として社員を送り出し、損失幅を圧縮した。その後、自動車メーカーの海外生産用のゲージ需要をつかみ、息を吹き返した。

そして、今度はコロナ禍をきっかけとする半導体不足により、リーマンショック以来の赤字に陥った。危機的な状況から脱するために、改めて経営を見直すべき局面が訪れたのである。

私が講演会などに呼ばれる機会もぐんと減り、会社にいる時間が長くなった。

「今こそ、経営の仕組みをより盤石なものにしよう！」

「いっそう強固な収益基盤をつくろう！」

私は再び経営改革に臨む決意を固めた。

職人の若返りで生産性が低下

そして、初めに着手したのが、東京都の補助金を活用した機械の更新だ。仕事が少し減ったタイミングで、「今しかない」と古い機械を撤去した。２０２１年11月、製品をより高精度に仕上げることができるＮＣのインターナル（内径）研磨加工機を導入した。

続いて、情報システムを刷新することを決めた。ダイヤ精機流のデジタルトランスフォーメーション(DX)の実践に乗り出したのである。

この時期にDX推進に動いたのには理由がある。実は、コロナ禍以前から「生産性の低下」という新たな経営課題に直面していたのだ。

2007年以降、若手社員を採用し、逆ピラミッド型組織をピラミッド型に転換してきたことは、すでに記した通りだ。

私が社長に就任した2004年時点のダイヤ精機は超高齢化していた。この超高齢化組織には、技術の継承が危ぶまれるという問題がある一方、現場の生産性だけを考えれば、経験と勘を極めた熟練の社員たちによって、効率良くものづくりができるというプラスの側面もある。

そこに、未経験の若手が入ってきた。当初はベテランと若手でペアを組み、1つの作業をしてもらっていたが、徐々にベテランを外し、若手だけに任せるようにしていった。

若手社員たちは「自分しかこの作業をできる人間がいない」と追い込まれると、持てる力を大いに発揮する。思った以上にスムーズに技術の継承ができるとわかったことから、若手の力を信じ、2015年頃から一気に世代交代を進めた。

生産性が低下し始めたのは、その頃からだ。

私が初めに気づいたのは、いつものように工場に出て、現場の作業の様子を見ていた時だ。若手社員が手がけている作業に違和感を抱いた。

「この製品の研磨作業は、確か昨日もやっていたはず。なぜ、まだ終わっていないのだろう…」

「作業の進行が遅いのではないか?」「若手社員の生産性が低いのではないか?」という疑問が生じた。

以後、工場の様子を見に行くたびに、気をつけて確認するようにした。すると、やはり若手社員たちは1つの製品を何日もかけて加工していたり、機械に残し続けていたりする。1つの製品の加工を完了するのに、思った以上の時間をかけている状況が見てとれた。

取引先から製品を受注する際には、作業が完了するまでに必要な人数・時間などを想定し、代金の見積もりを出す。ところが、若手社員が作業を手がける場合には、見積もりよりも実際の作業時間が長くなってしまっていた。

生産性の低下を放置すれば、収益力が低下する。従来と同じように働いても、今ま

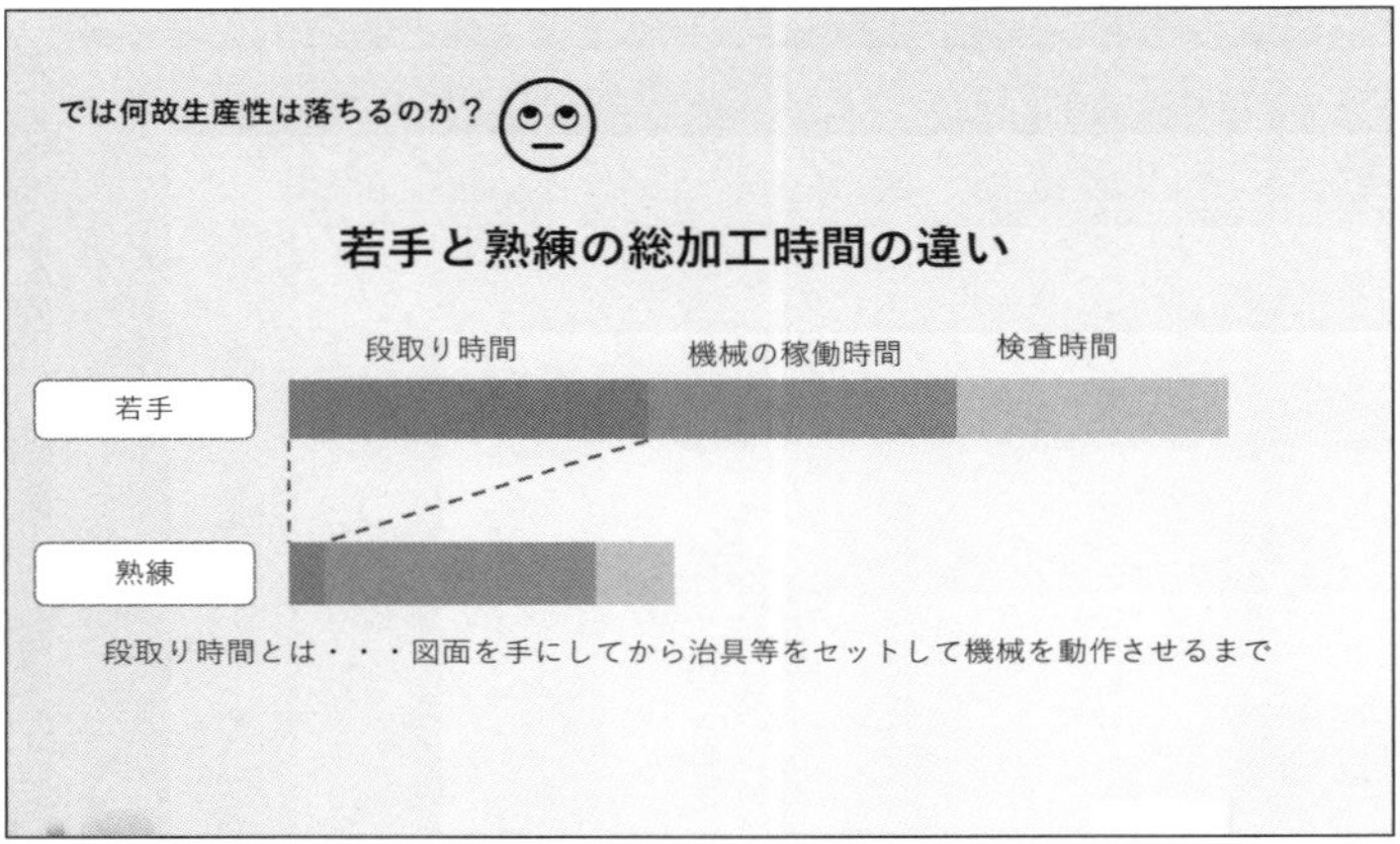

では何故生産性は落ちるのか？
若手と熟練の総加工時間の違い
段取り時間
機械の稼働時間
検査時間
若手
熟練
段取り時間とは・・・図面を手にしてから治具等をセットして機械を動作させるまで

段取りや検査の時間に大きな差があった（著者の講演資料から）

でのような収益を得られず、社員に十分な還元もできなくなる。

若手とベテランの作業には、どこに差があるのか。私はそれを調べてみることにした。片や、ものづくり歴50年を超える熟練職人。片や、ものづくり未経験で入社し、半年ほど経った若手。２人に同じ図面を渡し、それぞれ、どれだけ時間をかけて加工作業を行っているかをスマホのストップウォッチで測ってみた。

段取りと検査に5〜6倍の時間

その結果、わかったのは、「若手はベテランに比べ、段取りや検査に5〜6倍もの時間がかかっている」という事実だった。

段取り時間とは、図面を手にしてから治具等をセットして機械を動作させるまでの時間を指す。ベテラン社員はこの時間が短い。図面を手にしたらすぐに、「使うのはこの機械とこの工具。こういう段取りで加工できる」と想定している。一方、若手社員は、まず図面を読み解き、やるべき作業や使うべき機械、工具を特定するのに時間がかかる。

そもそも、図面の描き方というのは、発注する会社によっても違う。例えば、素材の角部に目に見えない程度の面を作る「糸面取り」という加工がある。文字で「糸面取り」と指示する会社もあれば、図面の中に描き込む会社もある。経験豊富なベテランは、どの会社の図面かを認識するだけで、「こういう描き方をしている」と想像できる。その通りに描かれているかを確認するだけでいい。一方、若手社員はそこまでの経験がないから、一つひとつ時間をかけて図面を丹念に読み解いていかなくてはならない。

経験が浅いだけに、「図面に指示された『R（カーブ）のついた加工』はこれまでやったことがない」といったことも生じる。そういう場合には、先輩にやり方を教えてもらうことも必要になる。若手社員は加工の前段階で、こうした段取りにどうしても時間がかかってしまう。

ベテランと若手の間では、加工途中や加工後の検査時間にも差があった。超精密加工は1ミクロンでも磨きすぎればアウトだ。ミクロン単位の研磨が肌感覚でわかるベテランたちは、加工の最後など、要所だけ測れば済む。1つの製品を仕上げる際に実施する検査は、おそらく1～2回だろう。しかし、若手はそうはいかない。機械で加工している間も、途中で作業を止めて測ったり、何度も検査してみる必要が生じる。

ベテランと若手の間で大きな差があるのは、こうした段取りや検査の時間だけで、機械の稼働時間についてはほぼ同じだった。

段取りも検査も、ものを言うのは経験値だ。経験が十分でない若手社員たちが、簡単に時間を短縮できるものではない。逆に、超精密加工を実現するために、削ってはいけない時間といえる。

これについては、若手社員が経験を積むのを待つほかない。それ以外の面で、機械の稼働率を上げ、若手の生産性を上げる努力が必要だということがわかってきた。

製品のラベリングで業務を効率化

製作に当たる社員たちの行動の中で、削れる時間はあるか。現場に出て社員たちを観察している中で、私が気づいたポイントが2つあった。

1つは「ものを探す時間」。もう1つは、加工作業に直接関係のない「会議や電話応対、営業とのやりとりなどの時間」である。

1つ目の「ものを探す時間」については、私が社長に就任して以来、常に5Sの重要性を社員たちに伝え、取り組みを進めてきたつもりだった。だが、製造業にとって5Sは永遠の課題。原点回帰で再度、徹底するために見直した。

その中で、新たに始めたのが製品のラベリングだ。究極の多品種少量生産を行うダイヤ精機は、同種の製品を数多く取り扱う。形そのものが違うなら、誰でもすぐに視認できるが、中には見た目は同じでも、内径が1ミリずつ違う別製品などがある。

類似品が数多くある中で、製品にラベリングができていなければ、その都度計測して製品を確かめなくてはならなくなる。万一取り違えて、本来加工すべき製品とは別

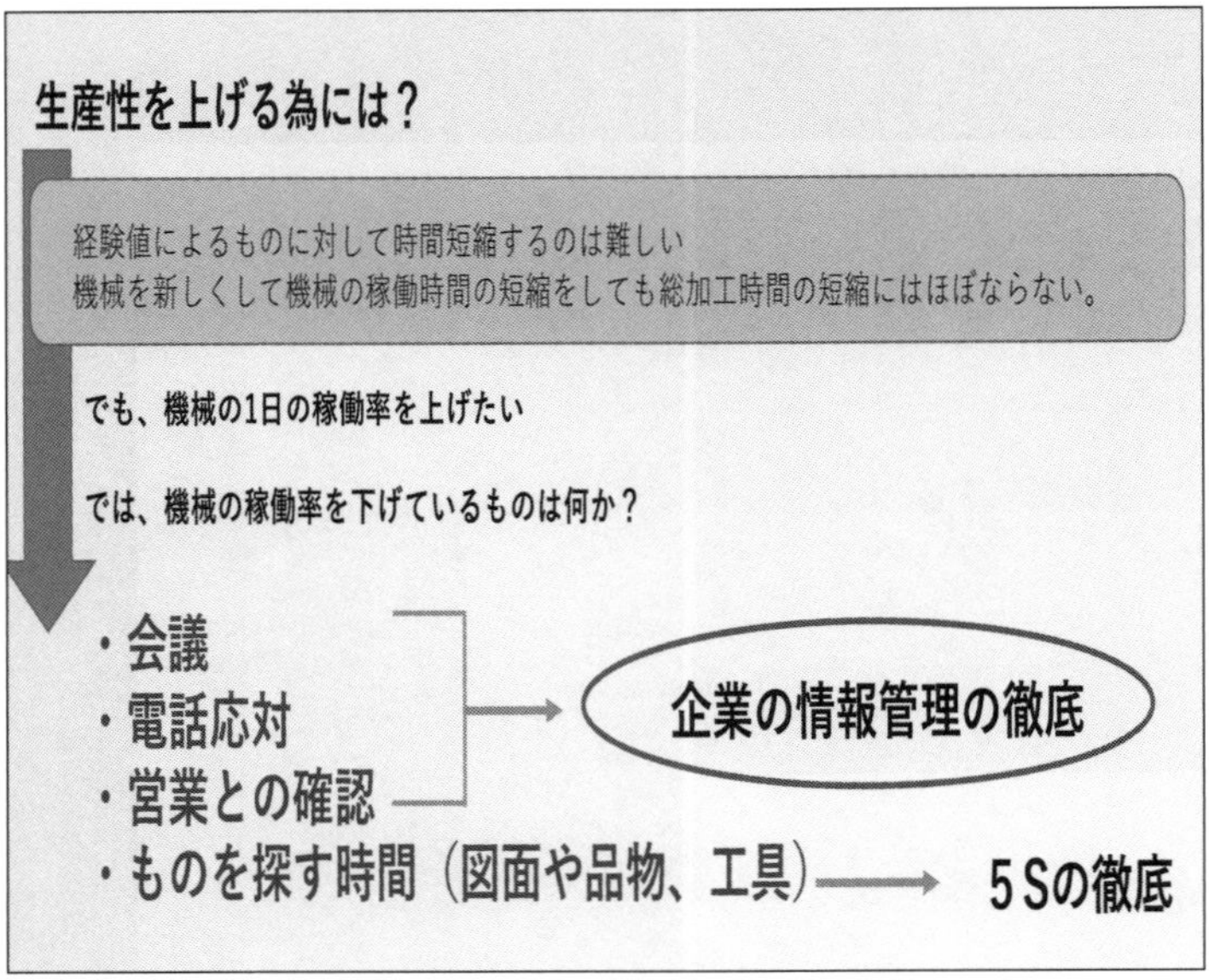

生産性を上げるため、「削れる時間」を探った（著者の講演資料から）

の製品に加工してしまえば、時間も材料もムダになる。

　これまでも、工具の整理・整頓などは徹底して行い、成果をあげていた。だが、製品のラベリングについては、特に取り組みをしていない〝空白地帯〟だった。よく観察してみると、ここにムダな時間が残っていた。

　矢口工場で切削加工をした際に、製品に必ずラベリングするようにした。これにより、「ものを探す時間」は格段に減った。

　加工作業と直接関係のない「会議や電話応対、営業とのやり取りなどの時間」の中で、特に気になったのは営業とのやり取りだ。

「この製品、納品日に間に合う？」

「今、どの作業工程にあるかな？」

現場で加工作業をしている社員の様子を見ていると、営業からこうした問い合わせがしばしば入る。

「動かしている機械を止めてまで確認すべき内容だろうか？」「答えるのは今でなくてよいのではないか？」と疑問に思うことが多かった。

「営業とのやり取り」を減らす

営業担当者は「取引先から聞かれたことにすぐに答えたい」「外出の予定があるから、今のうちに聞いておこう」と、工場で作業をしている社員をつかまえる。話しかけられた社員はその都度、機械を止め、作業を中断して答える。１回話を始めると、再度、作業に戻るまで、10分ほど時間がとられることもある。

１日に３回そういう機会があれば30分。現場の社員19人分を積み上げたら５７０

分にも達してしまう。日々、社内で9・5時間分ものムダが生じている計算だ。全く働かない社員を1人余分に雇っているのと同じことになる。

ベテランが多かった時は、段取り時間や検査時間が短く、もともと生産性が高かったので、こうした作業の中断があっても気にならなかった。だが、若手が増えて生産性が低下したことで、ムダが目につくようになった。

営業、設計情報も共有できる仕組みに

前述したように、ダイヤ精機はバーコードリーダーを活用した生産管理システムを導入し、生産情報を一元管理する仕組みを整えていた。だが、これはあくまでも製造現場の状況を吸い上げる一方通行の情報だ。

社内には製造部門のほかに設計部門も営業部門もある。それらの部署も各種多様な情報を抱える。

例えば、営業活動によって受注を獲得し、納品するまでには、以下のような情報の流れがある。

- 営業部門が営業活動を行う。
- 営業部門が設計部門や製造部門と協議しながら見積書を作成する。
- 営業部門が設計部門に製品製作を手配する。
- 設計部門が図面など製作に必要な情報を製造部門に届ける。
- 製造部門は図面を基に製作を進める。
- 顧客から途中で図面変更などの依頼が届いたら、営業部門がそれを設計部門や製造部門に伝える。
- 製造部門が製作した製品を納品し、検収する。

生産管理システムがカバーしていたのは、これらの情報のうち、製作手配と製作、納品といった部分だけだった。生産性を上げるには、営業部門が持つ顧客、受注見込み、納期などの情報、設計部門が持つ受注、設計進捗、設計変更などの情報も含めて、すべての情報を一元管理し、全社で共有できるシステムが必要だ。それがあれば、「この製品の納期が早まった」「特急対応が必要」といった営業部門の情報にも、全員が時間差なくアクセスできる。製造現場の社員が営業とのやり取りに時間をとられることは少なくなり、現場の生産性向上が期待できる。

最初の生産管理システム導入から18年が経過し、中には故障して使えなくなったバーコードリーダー（ハンディターミナル）もあった。社員数人でリーダーを共有していたことも、ムダな時間が発生する要因になっていた。

コロナ禍で仕事量が減っている時のほうが、情報システムに手を加えやすい。こうした経緯から、情報共有を目的としたＤＸの推進を決めた。

タブレット端末にすべてを集約

従来使ってきたバーコードリーダーは、１台20万円と高額だった。寿命も短く、７～８年で故障してしまうこともあった。そこで、バーコードリーダーに代えてスマホと同じ感覚で使えるタブレット端末を活用することを考えた。タブレット端末にバーコード読み取り機能を搭載すれば、今までと同じように生産管理に使える。

加えて、タブレット端末は読み取り以外にも様々な用途に使えるため、情報管理全体に活用できる。例えば、クラウド上に掲載した社内の情報を見ることができる。それまで、バーコードリーダーと別にパソコンを使う必要があったが、タブレット端末なら1台で済む。

カメラ機能で写真を撮ることもできる。リピート品を製作する場合は、加工した製品をメモ代わりに撮影し、「ここに気をつける」といった情報とともに残すことができる。不良を出してしまった時も、写真を撮っておけば、同様の失敗を繰り返さないように注意できる。

多くのメリットがあることから、タブレット端末を活用すると決め、アプリケーションソフトを探し始めた。ソフトの選定に当たっては、従来のシステムと同様に、進捗管理と原価管理が可能なことに加え、新たに「見積もりと連携できること」を条件とした。

それまでのシステムは、見積もりと連携できていなかった。顧客に提出する見積書はエクセルで作成し、受注後は同じ情報を生産管理システムに手作業で入力していた。顧客番号、材料、個数、値段、管理番号など多くの情報を2度入力することになるため、ミスを生みやすい。営業部門の工数を減らすためにも、受注後に見積書がそのまま受注票になるような仕組みを求めた。

中堅・若手でプロジェクトチーム

かつての生産管理システムは、私がソフトを探し、社員に使ってもらう形をとった。今回は20～40代の社員5人でプロジェクトチームを結成し、活用できるソフトを探してもらった。業務のワークフローを把握する人間が加わってこそ、「日頃の業務のどこにムダがあるか」「そのムダを省くためにはどうすればよいか」を確認しながら最適なシステムが選べるからだ。

若手社員たちはソフトベンダーなど12社から資料を取り寄せた。その中で条件に合う3社に絞り込んだ。コロナ禍でリアルでの相談は難しかったため、ぞれぞれの強みなどをオンライン上でプレゼンしてもらった。絞り込んだ2社に社内データを渡して再度オンラインプレゼンをしてもらい、最終的に1社を選定した。

情報システムの刷新と同じタイミングで、本社工場と矢口工場をＬＡＮで結んだ。

さらに、社員が見つけてきた無料のクラウド型グループウエア「Ｒ－ＧＲＯＵＰ」の利用も開始した。こうして、社員全員が社内の経営情報、生産情報を見られる体制を整えた。

初めて生産管理システムを導入した時は、ベテラン社員にパソコンの使い方、ソフトの操作方法を基礎から教え込んだが、今回はスマホと同じ感覚でタブレット端末を扱えばいい。特別な苦労もなく社員全員が使えるようになった。新システムへの移行は、わずか1カ月で完了できた。

サイバーセキュリティー研修を受講

新たに社内ＬＡＮも構築したことから、社員のセキュリティー意識を高める必要性を感じ、２０２１年12月～２０２２年2月には中小企業庁が行う「中小企業デジタル化応援隊事業」の一環でサイバーセキュリティートレーニングを受講した。３カ月にわたり、全社員が週1回講義を受け、パスワード管理、危険なメールの見分け方、メール受信の設定など、サイバー攻撃の被害を防ぐための対策を指導してもらった。

一人ひとりのセキュリティーへの意識や理解度の調査を受け、脆弱なポイントにつ

新たなシステムにタブレット端末を採用した

いての指摘も受けた。この指摘を参考に、社外ではスマホからサーバーにアクセスできないようにしたり、パソコンが盗まれて重要な情報が漏洩しないよう、社長室の扉にカギをかけたりと対策を打った。

サイバーセキュリティートレーニングを受講した成果は早々に現れた。

2022年、自動車関連の日本企業が標的型メール攻撃を受け、ウイルス感染する事態が発生した。自動車のサプライチェーンを構成する企業が被害を受けたことで、大手メーカーが国内全工場の稼働を一時停止せざるを得ない事態に陥るなど、極めて影響の大きいインシデントに発展してしまった。

実は、サプライチェーンの一員であるダイ

ヤ精機にも、このメールは届いていた。だが、サイバーセキュリティートレーニングを受けていた社員は誰一人、メールを開くことはなかった。

「こういうメールが届いています」

不審に思った社員がサイバーセキュリティー担当の責任者に報告した。責任者はすぐに情報処理推進機構（ＩＰＡ）に確認し、「このメールは開かないでください」と全社員に通知して事なきを得た。

ＤＸのポイントは「目的の設定」

社内の情報共有を目的に情報システムを刷新した今回の取り組みは、ささやかではあるが、間違いなく大事なＤＸの実践だったと考えている。

昨今、ＤＸによる生産性向上が勝ち残りに不可欠な要素と捉えられ、中小企業に対しても実践を促す風潮が強くなっている。だが、「ＤＸを推進することが必要なのはわかるが、うちの会社で具体的に何をすればいいのかわからない」と二の足を踏む経営者は少なくない。

ダイヤ精機の取り組みは、そんな悩める経営者たちの参考になるのではないか。中小企業のデジタル化のポイントは、何よりも「目的を設定すること」だ。

「紙を減らしたい」

「業務の見える化をしたい」

「機械の稼働率を上げたい」

何でも構わない。まずは目的を設定する。

続いて、その目的に対して何ができていないのかという「課題の抽出」を行う。現状はどうなっているかを把握し、そこから組織や業務フローの見直しを含む対策を検討する。

ダイヤ精機での実践を振り返ると、実りあるＤＸを実現するためのポイントは３つある。

第１に、社員の意見を聞き、全員の意思で取り組むことだ。

第２に、初めからすべての機能を使おうと思わないこと。周囲の中小企業を見ていると、様々なことを一気にやろうとして失敗しているケースが非常に多い。

第３は習慣化だ。人は２週間、同じ時間に同じ行動を取ると習慣化されるという。

ダイヤ精機では新システムの導入に当たり、「朝・昼・晩の1日3回、必ずタブレットを開いて情報を確認すること」を義務づけた。社員が情報を確認すれば「既読」のマークがつくから、誰が開いていないかはすぐわかる。

「DXの推進」という言葉に身構えてしまう中小企業は多いが、決して難しいことではない。業務効率を上げるために、デジタルツールをどう活用するかをきちんと考えれば、必ず成果は出る。

必要なのは、業務のワークフローを把握すること。そのワークフローの中で、デジタル化できるところ、デジタル化に適したところを抽出する。その後はプロに任せればいい。

情報共有徹底のための会議を増設

情報共有の徹底に関しては、この時期、社員が顔を合わせて情報を交換する会議の充実も図った。

それまで、業務に関係して開く会議は月1回、私と本社工場・矢口工場の工場長、副工場長、営業部長が集まる「経営会議」と、全社員が集まる「全体会議」に限られていた。

だが、製造業を取り巻く環境、会社の置かれた状況は時々刻々と変わる。変化に応じて迅速かつ適切な対応が取れるよう、会議を増やすことにした。

新たに設定した会議の1つが、毎週火曜日に開く「進捗会議」だ。私と工場長、営業部の社員全員が顔を合わせ、受注状況、製作状況などを報告し合う。その場で私が内容を聞き書きした議事録を作成し、「R－GROUP」で全員に通知する。こうすれば、すべての社員が会社の今の状況を知ることができる。

もう1つ、毎朝、私抜きで日々の営業や製作の状況を確認する会議も開いてもらうようにした。ここには工場長や副工場長、営業部員が交代で出席する。

「この製品は急ぎで仕上げをお願いします」

「作業に取りかかるのは、こういう順番にしよう」

そういう細かい情報を日々アップデートする。

以前から開いていた経営会議も、より内容の濃いものにブラッシュアップした。まず議題とするのは、会社全体の収益状況や受注見込みだ。前年同期に比べ、売り上げが下がっていれば、「単価の高いこの製品を先に仕上げよう」という判断ができる。今後仕上げる予定の図面の枚数が十分にないとわかれば、「今はとにかく経費を抑えよう」「営業を強化しよう」といった対策を考えられる。

経営会議では、会社全体の収益だけでなく、製品ごとの収益も開示している。売上高粗利益率が10％以下にとどまる製品を抽出し、個別に原因や対策を話し合う。「1度つくったものにNGが出てつくり直した」など、利益が圧迫された理由が明確であればいい。だが、通常通りに製作しているにもかかわらず、売上高粗利益率の低い製品があれば、工程を根本的に見直し、生産効率を上げる必要がある。その対策まで工場長や副工場長に考えさせる。工場長や副工場長らに、経営者の目線や意識を持たせることが狙いだ。

情報システムや会議によって、社内のすべての情報を共有する体制を整えた成果は様々な形で表れている。

まず、当初の目論見通り、段取りや検査にかかる時間は、若手はもちろん、ベテランに関しても短縮することができた。その結果、改善したのが納期対応率だ。

納期遅れが大幅に減少

以前は仕事が集中した時など、どうしても予定していた納期よりも遅れてしまうことがあった。しかし、情報共有体制を強化した今は、急な案件の受注、特急対応への変更、矢口工場・本社工場の作業状況など、刻々と変化する状況を全員が把握できるようになり、「その時に優先すべき作業」が明確になった。結果的に、納期遅れが大幅に減った。

もう1つ、会社の収益状況をリアルに、詳細に確認できるようになったことで、社員の意識がガラリと変わった。会社の経営が、確実に「自分ごと化」したのである。工場長、副工場長らのリーダーを中心に、社員全員が経営者のように振る舞うようになった。

ある時、その月の20日を過ぎても損益分岐点の70％ほどしか売り上げがないことがあった。何とか残り30％を埋めなくては、単月赤字に陥ってしまう。進捗会議で工場長や副工場長らが話し合い、「この製品を特急で完成させよう」「これとこれを先に仕上げて売り上げを稼ごう」と対応を決めた。その結果、最終的には損益分岐点を25％も上回る売り上げを達成した。

社員たちが経営者のように会社を見るようになったのには、もちろん、「会社の業績が自分たちのボーナスに直結する」という現実的な背景もある。

ダイヤ精機では、社員たちの給与を中小企業と大手企業の中間ぐらいと、やや高めに設定している。コロナ禍をきっかけに業績が悪化した時も、ベースアップを実施するなど、安定した生活ができるよう、最大限の配慮をしている。

その代わり、ボーナスは成果配分型で、完全に会社の業績次第としている。利益が出た時には、社員に最大限、還元する。だが、利益が出ていない時に銀行から借り入れしてまでボーナスを支払うようなことはしない。

私は日頃から社員にこんな言葉を投げかけている。

「製品をつくってくれるのはあなたたち。それを買ってくれるのはお客様。社長の私は、あなたたちが稼いでくれたお金を管理して分配しているだけ。あなたたちが頑張らなければ、この会社は成り立たないよ」

経理部門が発信する数字を誰でも見られるようにしたことで、その言葉の意味が社員にも一層リアルに伝わるようになったのだろう。

「今月中にここまで売り上げを伸ばさないとまずいぞ！」

「矢口工場、少し残業して作業を進めてください」

社員たちが経営者の私と同じように危機意識を持ち、会社の経営に気を配り、対応策を考えるようになった。工場長、副工場長だけでなく、現場の若手もだ。

私が寄り添うほど、社員は会社のことを考える

こうした意識変化には、1on1の面談などで、私が社員一人ひとりに寄り添うマネジメントをしていることも影響しているように思う。私が社員のことを考えれば考えるほど、社員が会社のことを考えてくれるようになるという実感が確かにある。

情報共有を強化したメリットはほかにもある。

現場の社員たちが営業部門の発する受注見込みの情報に触れられるようになり、先々の自分の仕事量がある程度予測できるようになったのだ。「仕事が比較的空いている今のうちに有給休暇を取っておこう」といった判断ができるようになり、「繁忙

期で立て込んでいるのに社員が休んでいる」ということがなくなった。

これに伴い、夏季休業のスタイルも変更した。以前は8月のお盆の時期に全社的な夏季休業を設定していたが、一斉休業はやめ、「7月～9月の間、自由に連続5日間の休みを取ってよい」という形にした。今では各自が営業の情報を見て、自身の仕事の繁閑を確認し、「この時期なら休める」と判断してバラバラに休んでいる。

DXの推進で、若手社員が増えたことによる生産性低下への手は打った。しかし、生産性向上の取り組みを続ける中でも、ダイヤ精機の文化としての「雑談の推奨」は一切変えていない。

前述の通り、私は経営の軸に社員とのコミュニケーションを据えている。ダイヤ精機のような町工場では、多くの問題はコミュニケーションによって解決できると考えているからだ。

ボトムアップ型の経営を目指す私自身、社員との距離を縮め、コミュニケーションを密にとれるように気を配ってきた。社員同士も年齢や役職に関係なく、日頃からなんでも言い合える関係や雰囲気をつくってほしい。そのためには、就業時間中も雑談しながら活発にコミュニケーションをとることが重要だ。

雑談は決して「ムダな時間」ではない。雑談を減らしたり、やめたりする考えは一切ない。

コロナ禍の中で「思いやり運動」

コロナ禍を機に、ダイヤ精機でもう1つ始めたことがある。「思いやり運動」だ。

感染拡大で仕事量が落ち、加工作業の内容によって負荷が重い分野、軽い分野の差が顕著に表れた時期がある。担当する機械や作業の違いによって、早く帰る人はいつも早く帰り、一方、遅くなる人はいつも遅いという状況が生まれてしまった。

毎日のように残業している社員は「なぜ自分ばかり大変な思いをしなければならないのか」と不満を持つかもしれない。放っておくと、社内の雰囲気が悪くなりかねない。

そこで始めたのが「思いやり運動」だ。

「仕事が忙しく大変そうな人には、思いやりの心を持って一声かけましょう。『何か手伝えることはありますか？』と聞いて、手伝えることがあれば手伝いましょう」

そう指導した。工場や食堂に「思いやり」と書いた紙を貼り出した。

人間関係の基本は相手に対する思いやりだ。それによって、信頼関係が生まれる。仕事を円滑に行うためには信頼関係を築くことが重要。社内においても、社外に対しても、相手を思いやる心を持ち、相手のために何ができるかを考えて行動してほしいと訴えた。

「今、自分が受け持つ工程の仕事量は少ないが、隣の工程は負荷が高い。今まで扱ったことのない機械だが、少しでも助けられたら」

社員全員にそういう意識を持ってほしかった。

「思いやり運動」を展開した結果、本来はラップ加工を担当している社員が、後輩に教えてもらいながら平面研削や円筒研削に挑戦するなど、新たな経験を積む機会が生まれるようにもなった。

私自身も「思いやり」を実践するため、こまめに現場に顔を出し、「何か手伝えることはない？」と聞いて回った。そして、製品番号を刻印したり、箱詰め作業を受け持ったりした。

「試しにやってみよう」と、初めての機械を使い、初めての作業を行う時は、年齢や社歴に関係なく、その機械や作業を専門とする社員に教えてもらうことが必要になる。これは、ダイヤ精機には当然のこととして定着した文化だ。

「全員が先生であり、生徒である」

もともと、ダイヤ精機には「全員が先生であり、全員が生徒である」という考え方がある。一般的な町工場では、50代、60代のベテランが先生となり、20代、30代の若手に教えることが多い。だが、早くから若返りを図り、技術を継承してきたダイヤ精機には、「教えられる人が教える」慣習が根づいている。

機械や作業ごとに、知識と経験がある社員が教える。年下の社員が先生役となって年配の社員に教えたり、若手社員同士で教え合うこともある。

コロナ禍の中で、私は「思いやり」をキーワードに、この「全員が先生、全員が生徒」という文化をさらに昇華させたいと考えた。

「全員が先生、全員が生徒」を社員たちにより意識させるため、２０２０年には大田区産業振興協会が選ぶ「大田の工匠　技術・技能継承」に応募した。

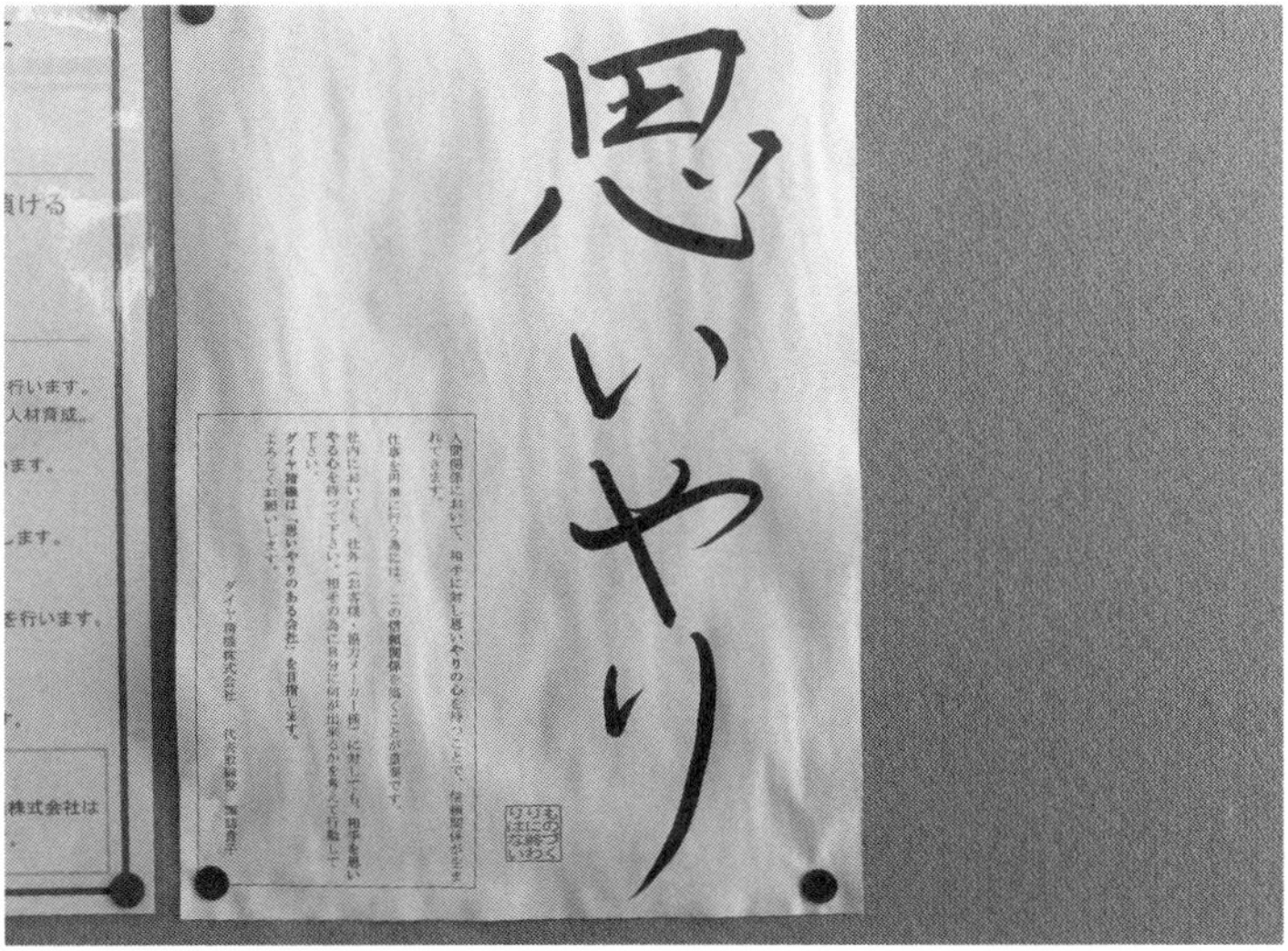

社内に「思いやり」の張り紙をした

本来は実務指導者（師匠）と若手技術者（弟子）による技術・技能継承の優れた取り組みを表彰するものだが、すでにダイヤ精機はその段階は過ぎていることから、実務指導者を「ＡＬＬダイヤ」、若手技術者を「ＡＬＬダイヤ」で申請した。異例の形の申請だったが、見事に受賞を果たした。

ものづくりの現場には、様々な作業を幅広く受け持つ多能工もいれば、特定の作業に高い専門性を発揮するスペシャリストもいる。ダイヤ精機が目指すのは、「多能工でありながらスペシャリストな職人集団」だ。

1つの機械、1つの分野の工程に関して、超精密加工の技を身につけているだけでなく、複数の機械、複数の工程で高いレベルの技術を発揮できるような人材集団をつくり上げたいと考えている。

そのためにも、日頃から多種多様な経験を積むことが必要だ。思いやり運動はその基盤にもなる。

多能工でありながらスペシャリスト

職人の可能性を広げるうえで、多様な経験や知識を蓄積することがいかに重要かを、身をもって示してくれた人物がいる。第1章で紹介したTくんだ。

第1章に書いた通り、Tくんはミクロン単位の超精密加工の中で、最高峰ともいえる「現合」という技術をものにした。今でこそ日本有数の「ラップ職人」に成長したTくんだが、実は入社直後からその素質を発揮できていたわけではない。

高校卒業後に入社してきたTくんは、本社工場で研磨の作業を担当していた。器用で、真面目で一生懸命に仕事を覚えようとしていたが、なかなか実力は上がらなかった。うまくできないことが多く落ちこぼれ寸前だった。

しかし、本人はどんなに怒られても失敗しても、決して腐らない。やる気と根性は人一倍あった。そして素直さ、コミュニケーション能力、向上心などの「ヒューマンスキル」も備えている。内に光るものを確かに持っていた。

リーマンショック時に取引先の自動車メーカーの工場が人手不足となり、「ダイヤ精機から応援の人材を出してほしい」と頼まれた時、「いっそ、環境を大きく変えたら結果が出るかもしれない」と思い、Tくんを応援部隊の1人に加えた。

取引先の工場では指導役も変わり、使う機械も変わった。作業もそれまでの研磨中心から切削に変わった。何より、大きな工場の中で同年代の仲間が増えた。本人がもともと持っていたヒューマンスキルに、これらの変化がうまく作用したのだろう。Tくんはみるみる実力をつけ、驚くほどの成長を遂げた。その後、Tくんは取引先の工場内に開設された金型製作の作業所で、NC旋盤などを使いこなし、金型部品製作の主力メンバーとして活躍してくれた。

ダイヤ精機に戻った後も、矢口工場や本社工場で様々な機械を使いこなし、成長を遂げていった。そして、ついに現合レベルの加工技術をも身につけた。多様な経験を積み重ねながら、日本でも有数のラップ職人へと育っていったのである。

経験の蓄積が一流の職人をつくる

このように、一流の職人に成長していくには、経験や知識の蓄積が欠かせない。様々な経験や知識を身につけながら技術レベルを上げられるよう、以前は「人財マップ」を作成し、活用していた。

人財マップとは、縦軸に「旋盤」「NC旋盤」「フライス」「マシニング」「丸研」「ボール盤」といった機械の名前を、横軸に社員名を書き込んだ表だ。機械と社員名が交わるところに、その機械を使った作業レベルの成熟度を0から5の6段階で記入する。この人財マップをベースに、配置転換などによって様々な機械を扱い、多様な作業に挑戦する機会を設けてきた。

だが、今は「思いやり」をベースに、日々の仕事の中で社員たちが声をかけ合い、手を貸し合う自然な形で、多能工のスペシャリスト集団をつくろうとしている。それ

ALLダイヤによる技術・技能継承で
多能工でありながらスペシャリストを育成
ダイヤ精機
株式会社
http://www.daiyaseiki.co.jp/

「ALLダイヤ」で「大田の工匠技術・技能継承」に応募し、受賞した

に伴い、人財マップは廃止した。

思いやり運動を進めた結果、最も作業難易度が高い円筒研削盤を扱える社員は、スペシャリストを含めて4人に増えた。「多能工でありながらスペシャリストな職人集団」を目指し、思いやり運動を展開した成果は、思わぬ形でも表れた。

新型コロナウイルスは何度も変異を繰り返したが、中でも感染力の高さが脅威となったのが2022年に広まったオミクロン株だ。ダイヤ精機も感染拡大の影響を免れることはできなかった。同時期に家族から感染する社員が続出し、本社工場では20代のYくんを除く全員が休業する事態となった。1週間以上、ほとんどの社員が出社できないというピンチだったが、ただ1人残ったYくんが多能工であったことが幸いした。

本社工場には旋盤、平面研削盤、円筒研削盤、治具研削盤、治具ボーラーなど10種類近い機械がある。Yくんは毎日、残業しながら、1人ですべての機械を扱い、仕上がりの一歩手前まで処理を進めた。

Yくんの時間外労働が上限規制に達する頃には、療養を終えた社員たちが仕事に復帰できるようになった。Yくんが下処理をしておいてくれたおかげで、短時間のうちに仕上げ作業が済み、製品を滞りなく出荷できた。

コロナ禍で深まった会社愛

前述の通り、2021年以降の半導体不足の局面では、自動車の生産・出荷が停滞し、金型部品などを収めるダイヤ精機の売り上げも急減してしまった。2022年7月期には、リーマンショック以来の赤字を計上することになった。だが、ダイヤ精機では、この苦境が会社愛や仕事愛を深める機会にもなったと思う。

小売業やサービス業の中にはコロナ禍で休業を余儀なくされた企業もあった。中には、それを機に仕事を失ったり、給料が減少したりする若者もいた。ダイヤ精機はもちろん休業することはなかった。給与もベースアップを行い、黒字の間はボーナスも出した。

そうしたことから、ある社員は友人に「お前は勝ち組だな」と言われたという。コロナ禍は社員たちが「自分たちは恵まれている」と気づき、ものづくりの尊さを改めて実感するきっかけにもなった。

感染防止のため、生産性向上を図る狙いで行っていたQC発表会を中止した。もともと、「人前で話したくない」「面倒だ」と思っていた社員の中には、「中止になってラッキー」と感じた社員もいたかもしれない。

だが、実際に中止してみて初めて、社員たちもそのメリットや重要性に気づいたようだ。私が言い出す前に、社員たちの間から「やっぱりQC発表会は必要です」「感染対策をしっかりしたうえで開催しましょう」という声が出てきた。2023年には再開を決めた。

同じく、コロナ禍で中止していた忘年会も、社員たちの声かけで2023年には4年ぶりに開催し、ほぼ全員が出席した。どちらも仕事愛や会社愛の表れだと思う。

ゲージの売り上げが9割に

そして、今回の経営危機を救ったのも、やはり創業事業のゲージだった。「生産は止まっても開発は止まらない」。これがリーマンショックで得た学びだったが、今回もそれを再認識する結果となった。

半導体不足の中、自動車メーカーは減産せざるを得ず、おのずと金型部品の発注も減った。一方、新車の開発は継続している。いずれその新車を大量生産する時に備え、生産ラインに合うようなゲージについては発注が続いた。

私はリーマンショック前まで、事業リスクの大きいゲージを「全体の売上高の2割まで」に抑える方針を取っていた。だが、リーマンショック時にゲージは景気の波に左右されないとわかったことから、その売り上げ構成比を5割まで拡大した。

半導体不足のピンチに見舞われた時期は、リーマンショックの時と同様、一時的にゲージの売上高は全体の9割にまで高まった。半導体不足が解消し、徐々に自動車の生産量が戻るにつれ、今は金型部品の受注も回復してきている。金型部品の売り上げ割合が5割に近づき、業績の回復も確実に見込めるところまできた。

ＤＸによる生産性向上の取り組みも奏功し、ダイヤ精機は今、コロナ禍前の収益力を取り戻しつつある。

私が見る
〝町工場の星〟
4

ダイヤ精機の第1号社員
吉川健二さん(76)

若い人をこんなに育てた会社はないよね

僕は1966年、19歳の時に入社したんですよ。ダイヤ精機が株式会社になる少し前。だから、株式会社の第1号社員で、すべての歴史を知っていますよ。

先代が急に亡くなって、今の社長に代替わりしたけど、それから20年、ダイヤ精機はすごくうまくいってるよね。こんなにうまくいくとは思わなかったよ。一番すごいと思うのは、19年前にバーコード式の生産管理システムを入れたこと。本当に画期的だった。

実はね、僕は社長はもっても4～5年だろうと思っていたんです。それぐらいで自分から辞めるんじゃないかって。だって、主婦から急に社長になったわけじゃない。大変だし、ずっと続けるつもりはないだろうと思ってた。

そうしたら、途中から若い社員をどんどん入れ始めた。驚いたよね。それも、サービス業から入れたり、高校や専門学校を卒業したばかりの新卒を入れたり…。大学出もいるな。とにかく製造業の未経験者を採用して育てるようになった。

僕らが若い頃は、いろいろな工場を渡り歩いているような職人さんを入れていた。そういう職人さんって、技術を身につけていて、仕事が早くて、即戦力になるけど、癖も強いんですよ。僕が矢口工場の工場長を務めていた時も、そういう職人たちがちっとも言うことを聞かないから苦労したよ。

社長が入れた若い人は、みんな真面目で素直、周りとうまくやれるタイプ。僕たちも、まずやらせてみて、「わからないことがあったらいつでも聞いていいよ」という姿勢で待つようにしている。社長も含めて、いい教育をしているから、そういう社員たちがうまく育ったよね。それはすごく大きいことだと思う。うちぐらいの規模で、若い社員を何人も育てた町工場って、珍しいでしょう。

今、ダイヤ精機の職人はほとんど若手じゃん。いいことだよね。機械も、デジタル機能が付いて性能がよくなってるから、ちょっと専門学校とかに通って学んだ人間なら、ちゃんと使いこなせる。腕もすぐ上がるよ。

今の社長になって、社内のコミュニケーションがよくなった。会議を頻繁に開いたり、きっちり面談したりしているのは大きいと思うよ。先代の頃は、会議なんて全くなくて、取ってきた仕事を何でもかんでも「やれ、やれ」ってね。「ケンカしてでもいいから、これを何時までに仕上げろ」って感じ（笑）。

今は仕事を取ってきたら、どうやってつくるのがいいかをみんなで相談しながらやってる。誰かが不良品をつくっちゃった場合は、報告書を書かせて、みんなが集まった時に確認して、対処法も話し合うようにしている。

そうすると、職人たちから「ここはこういう風にやった方がうまくいくんじゃないか」っていう意見が出てくるんですよ。不良を出しちゃった本人も、失敗の原因や次の対処法がわかるし、周りの人間も、「次に自分がやる時には気をつけよう」と思う。すごくいい循環が生まれていると思うよ。

ダイヤ精機で人材がうまく定着しているのは、やっぱり社長の存在が大きいだろうね。社長のどこがいいかって、やっぱり優しいところですよ。今はあんまり働かせちゃダメっていう時代じゃん。社長も「ちゃんと休んで」ってよく言っているよね。この前も、若い社員が「本当はもっと仕事したいけど、社長に『休め』と言われたから休みます」って言ってた。本心では、休ませてもらえてうれしいんだよ。

社長は女性っていうこともあって、気遣いが細やかだよね。先代の頃は、「寝ないでやれ」って言われていたんだから大違いだよ（笑）。高度経済成長期で仕事が山ほどあったからだけどね。

今、僕は個人事業主として、月曜から金曜の週5日、9時～17時で働いています。フライス盤を使って、切り出す作業を担当しているよ。70歳が定年だったけど、蓄えは全部ギャンブルに使っちゃったから辞められない（笑）。年金だけじゃ食っていけないし、ギャンブルの資金も必要だし、当然のように仕事を続けていますよ。

今、ダイヤ精機は大手自動車メーカー向けの製品が多いけど、それだと売り上げには限界がある。これからはオリジナル製品をつくっていきたいね。設備は揃っているし、技術もある。設計者もいる。オリジナルブランドで売れるものをつくれたらいいよね。僕が今、ダイヤ精機の未来に向けて願うことはそれぐらいだな。（談）

3.「ザ・町工場」を未来につなぐ

創業者の父が急逝し、主婦だった私がダイヤ精機の2代目社長に就任してから20年が経った。

思えばいろいろなことがあった。経営難を脱するためにリストラを断行。ベテラン社員と闘いながら5Sの徹底、生産管理システムの導入など経営改革を進めた。

リーマンショック、東日本大震災、コロナ禍、半導体不足…。危機的な状況に陥ることもあったが、日々、経営をブラッシュアップしながら、なんとかそれを乗り越えてきた。

高齢化していた組織の若返りも図った。人手不足にあえぐ企業が多い中、最適解の人数の社員をそろえ、国内トップクラスの超精密加工技術の継承を実現した。

こうした私の経営者としての軌跡を見聞きした人からは、「ビジネススクールに行った経験があるのですか?」「MBA(経営学修士)を取得しているのですか?」などと聞かれることがある。答えはどちらも「NO」だ。

「原理原則」に基づく経営

経営学は学んだことがない。経営学の本も読んだことはない。ドラッカーの著書を手に取ったことはあるが、3ページで飽きてしまった。コンサルティング会社や人材マネジメント会社にも一切頼っていない。

世の中には素晴らしい経営者がたくさんいるが、そういう経営者が書いたビジネス書もあえて読まない。ほかの会社で成功した経営手法があるからといって、ダイヤ精機に合うかどうかはわからないからだ。ダイヤ精機のことを一番よく知っているのは私だ。ただ、「人間の普遍的な真理」や「人間の心がどう動くか」を知るために哲学や心理学の本は読んで参考にした。

そのほか、私が拠り所としてきたのは、「物事には原理に基づいた原則があり、基本がある。基本があるからこそ応用ができる」という考え方だ。

起きている問題に対して、「なぜ」を繰り返して原因を突き詰める。紙いっぱいに原因を書き出し、関係するものをつなぎながら、問題の根本をつかみ、原理原則に当てはめて対策を講じていく。今振り返ると、工学部で学び、エンジニアとして働いたことで、論理的に物事を考え、決断する習慣が自然に身についていたのだろう。

その習慣を経営に当てはめ、「なぜ売り上げが伸びないのか」「なぜ利益が出ないのか」と、「なぜ」を繰り返し、原理原則に立ち返って判断してきた。

例えば、利益は「売り上げ－費用」だから、利益を出すためには売り上げを伸ばすか費用を削減するしかない。売り上げを増やせないなら費用を減らすしかないし、費用を減らせないなら売り上げを増やすしかない。おのずと打つべき手が見えてくる。

ここまで記してきたように、ミクロン単位の超精密加工技術は、日本ならではの職人技である。今、私が願うのは、この技術を後世に残していくことだ。

会社の規模を無理に拡大するつもりはない。私が引っ張れるのは、現在のような社員数30人程度までと考えている。

人数を拡大すると、目の届かないところで人間関係に問題が生じたり、派閥ができたりする可能性がある。そのコントロールは極めて困難だ。そうなれば、今のように社員の定着率の高い状態を保つのも難しくなるかもしれない。

超精密加工を担える職人を育てるには、10年以上はかかる。すべてを教えられるわけではないし、すべてを自分で身につけられるわけでもない。様々な情報を多角的にインプットし、その中から取捨選択して自分に合うやり方を見つけていく。経験値こそが成長の糧だ。

加えて、スペシャリストでありながら多能工の職人を育てたいと考えている。1つの機械を扱い、1つの加工だけできればいいというわけではない。経験の蓄積を、数多くの機械と加工作業で繰り返す必要がある。

10年、15年、20年と経験を積めば積むほど、職人としての熟練度が増す。入社した社員がすぐに辞めてしまうような、入れ替わりの激しい環境では、求めるレベルの職人は育たない。超精密加工技術も継承できない。ダイヤ精機で長く働き続け、多様な経験を積み重ねてもらう必要がある。

そのためにも、社内の雰囲気を居心地のよいものにしておきたい。自分の目が十分に届く30人規模で、コミュニケーションを密にとり、一人ひとりの性格を知り尽くしたうえで経営していくのがベストだと考えている。

1人当たりの生産性を向上し、1人当たりの売り上げを拡大しながら、持続可能な町工場としてゆるやかに成長していく――。これが、私が描く理想の姿だ。

その際には外注もうまく活用し、取引先との共存共栄も図りたい。

受注量が多く、社内でさばききれない状況が生じたら外の取引先に任せる。途中までの作業をやってもらい、その半製品を仕入れる。最終的な精密加工をダイヤ精機が担い、顧客に収めるという形だ。外注率が20～23％ほどになるのが理想だとみている。

〝諏訪イズム〟を若手が継承

今のダイヤ精機は２００７年に人材の確保・育成を始めてから採用した社員がほとんどを占める。私自身が「社風に合う」「相性が合う」と選んで採用し、育成してきた社員たちには、私のＤＮＡがインプットされているように感じる。コミュニケーションもとりやすく、一緒に仕事をしやすい。業務を任せる際も何の心配もいらない。以前に比べ、私自身は本当にラクになった。

矢口工場は本社からクルマで5分ほどの場所にある。物理的に離れている分、私の目も届きにくい。社長に就任したての頃や若手社員の採用を始めた頃は、「何か揉め事を起こしていないか」「ベテラン社員が若い社員にきついことを言っていないか」と心配で、しょっちゅう矢口工場まで足を運んでいた。

今はそういう懸念は一切ない。〝諏訪イズム〟を継承する若手社員たちが、コミュニケーションを活発にとりながら、和気藹々と、けれどきっちりと仕事を進めているとわかっているからだ。

入社1カ月ほどの新入社員と交わす交換日記も、今ではそれぞれの工場のリーダーたちが私と新人の間に入ってくれている。

かつては、私が各人の日記から新人の性格を読み解き、それに応じた教育方法や育成方針を指示していた。今は自然とリーダーたちがそれをやってくれている。

「この子はちょっと神経質な面があるので、根を詰めすぎないように気をつけます」

「彼はこの辺の理解ができていないようなので、しっかり教えるようにします」

私のところには若手リーダーたちから報告が届く。

リーダーたちに対して、「何のために交換日記を交わしているか」は一切伝えていないし、「日記の書き方や内容から性格を読み解いてね」と教えたり、指示したりしているわけでもない。新人時代に私と交換日記をしていた頃は、「面倒くさい」「書きたくない」と文句を言うこともあった彼らだが、立場が変わり、見方も変わったことで、交換日記の意義に自ら気づいたのだろう。

これはリーダーとして成長を遂げている証にほかならない。組織として、着実にステップアップしていることが感じられ、素直にうれしい。

できることをやりきり、次世代へ

「後継者については考えていますか？」

「3代目はどうするのですか？」

社長就任から20年が経過し、そんな質問を受ける機会も増えてきた。

私が現役で会社を引っ張れるのは、あと10年ほどと考えている。その間にできることをすべてやりきり、次世代に引き継ぎたい。

金融機関や取引先に安心していただけるよう、2〜3年は会長職に就くかもしれない。だが、経営に口を出すつもりはない。すべてを3代目社長に任せるつもりだ。

社会人になった息子も、3代目の候補の1人ではある。

実は、彼は大学時代、コロナ禍でキャンパスに通えず、時間を持て余して矢口工場でインターンをしていた時期がある。一緒に働く社員たちと密にコミュニケーションをとりながら、一人ひとりの長所を見いだしている息子の様子を見て、リーダーとしての素質があると感じた。

ある日、家に帰ってきた息子がこんなことを言っていた。

「ダイヤの人たちは、会話が必ず笑いで終わるね」

コミュニケーションをとりながら和気藹々と仕事をする雰囲気が性に合い、楽しんでいるようだった。

その後、息子は就職活動中に大手企業などでもインターンを経験した。ただ、ダイヤ精機での働き方が強く印象に残っていたのだろう。「みんな黙々と仕事をしているよ」「ダイヤとは全然違うんだね」と驚いていた。「僕は普通の会社のサラリーマンは務まりそうもない」とも言い出した。

ダイヤ精機で仕事をすることを念頭に置いてか、息子はＣＡＤ（コンピューター支援設計）を学ぶために専門学校にも通った。その時、思いがけないご縁があり、現在は国家公務員として働いている。リーダーとしての素養や資質を磨くチャンスにあふれた職場だ。

インターンをした時に仲良くなった若手社員には、「必ず戻ってくるから待っていて」と声をかけていたらしい。息子には、おぼろげながら自分が3代目になる将来像が見えているのかもしれない。社員たちも「彼は元気にしていますか?」と気にかけてくれている。

ただ、息子はまだ若く、先のことは何もわからない。どんな道であっても、私は息子の決断を尊重し、彼の夢の実現を全力で応援するだけだ。

これから10年が経営者としての集大成

ここからの10年は経営者としての私の集大成になる。目指すはダイヤ精機を「世界のニッチトップ」にすることだ。

「ダイヤ精機は世界一のゲージメーカー」

そう言われるよう、引き続き若い人材を育成し、技術を磨いていきたい。

中国をはじめとする新興国に押され、日本のものづくりの未来を懸念する声も聞かれる。だが、日本が培ってきた技術の歴史は長い。最後には、技術力で日本が必ず勝つと信じている。

2023年には米半導体大手、エヌビディアが日本に人工知能（AI）関連の研究開発拠点を設ける考えを明らかにした。オランダの半導体製造装置メーカーASMLも、北海道に技術支援拠点を開設すると発表している。

台湾のTSMCや米マイクロン・テクノロジーなど海外の半導体メーカーも、相次いで日本に工場を建設し、日本での半導体の供給を増やそうとしている。経済安全保障の観点から、半導体の安定供給を図ろうとする日本の政策が影響している。だが、相次ぐ海外企業の動きのベースには、日本の技術力を活用したいという意向もあるはずだ。

日本の技術の根っこを支える

これから日本での半導体の供給が増えることによって、関連する製品の生産量も増える。これに伴って、ものづくりの仕事量は確実に膨らむだろう。その時、ダイヤ精機は、世界が求める日本の技術の根っこを、日本のものづくりの土台を支える存在でありたい。

あるべきものづくりの姿を私はよく「石垣」にたとえる。

石垣には大きな石や小さな石が一緒に積み上げられている。大きな石が全体を構成し、小さな石がそれを補完する。大きな石だけでは隙間ができてしまう。大小の石がうまくかみ合うからこそ強固な石垣ができる。

大企業と中小企業、町工場の関係も同じだと思う。

最終製品をつくる大企業には大企業なりの役割がある。そして、中小企業や町工場には大企業とは違う役割がある。大企業と町工場が互いに補完し、協力し合う関係の中で、日本の技術力は磨かれてきた。

ダイヤ精機は今後も大企業を支える町工場として、求められる役割を最大限に果たしていきたい。日本でも有数の超精密加工技術を継承し、持続可能な町工場として生き続けたい。そうして得た売り上げ、利益を十分に還元し、社員が大田区で一戸建てを持てるようにすることが私の願いだ。

すでに3人の社員が一戸建ての購入を実現した。大田区内で一戸建てを買うには、どんなに小さくても5000万～6000万円はかかる。社員たちは会社が今後も存続し、安定した収入が続くことを信じて住宅ローンを組んだのだろう。その期待を裏切るわけにはいかない。経営者として身が引き締まる思いだ。

今、産業界も経済界も大変な変革期にある。これからは町工場も気候変動対策をはじめとしたSDGs（持続可能な開発目標）への対応などが勝ち残るポイントになっていくだろう。

私は今後も、ダイヤ精機の強みを生かしながら、新しい時代に適応できるよう、経営をアップデートしていきたいと考えている。

私が見る〝町工場の星〟

5

ダイヤ精機・矢口工場工場長

Y・Sさん ㊻

入社30年、辞めたいと思ったことはありません

ダイヤ精機に入社したのは1994年です。先代と僕の親が知り合いで、高校を中退した僕を引き取ってもらった形です。

入社後、初めは本社工場で穴開け加工をしていました。2年ぐらいで矢口工場に移り、フライス盤、NC旋盤などを使った作業を担当しています。

3年ほど前に矢口工場の副工場長になり、2023年からは工場長を務めています。矢口工場にいる社員の中では最も古株になり、仕事の流れや機械の使い方を一番よくわかっているので、社長から「工場長をやってみない？」と言われました。

ダイヤ精機では矢口工場で切削を行い、それを本社工場に運んで研磨しているので、矢口の工場長は本社工場との連携に気を配ることが必要です。毎週火曜日に開く進捗

会議は、矢口工場で遅れさせてはいけない作業を確認したり、本社工場ですぐ欲しい製品がどれかを把握したりする場として活用しています。毎朝の会議で、それらの進捗も追っています。

入社してから30年経ち、僕は先代の時代と今の社長の時代の両方を知る数少ない社員となりました。この30年の間に、会社はガラリと変わったと実感しています。

僕が16歳で入社した時のダイヤ精機は年配の社員ばかりでした。一番年の近い人でも10歳上の26歳でした。ある時期から若手社員の採用を強化したことで、今は年配から若手まで、まんべんなくいます。以前に比べ、若い社員がずっと増えたので、会社の雰囲気も明るくなったと感じます。

自分より年下で、製造業が未経験の社員がたくさん入ってきたことで、みんなが仕事のやり方を僕に聞くようになりました。100%回答できるわけではありませんが、わかる範囲のことを一生懸命教えているうちに、自分自身の成長にもつながったように思います。

ダイヤ精機では社長が先導し、デジタル改革を進めてきたので、仕事のやり方もずいぶん変わりました。図面の管理などもパソコンでできるようになり、何かあった時の確認もラクになりました。以前は営業から予備図面を出してもらったり、本社工場長に確認してもらったりと、人を介する必要がありましたが、今は自分で直接見ることができるので、とても効率的です。

今、仕事をしていてやりがいを感じるのは、自分がつくる品物が形になっていくことです。図面で見ているものが実際に出来上がった時に、「こういう感じになるのか」とわかるのは本当に楽しいものです。工場長になっても、現場の作業から喜びが得られることに変わりはありません。主要取引先の自動車メーカーのクルマが走っているのを見ると、「自分たちがつくっているゲージが使われて出来上がったクルマだ」という感慨が湧きます。

先代と今の社長とは、「勢いがある」ことが共通しています。先代も今の社長も、「やる」と決めたら即時実践です。社員たちをぐいぐい引っ張っていく力があるのは、すごいことだと思います。

今の社長の良いところは、何より明るいところです。工場に入ってきただけで、すぐに「ああ、社長が来たな」とわかります。そうやって明るい雰囲気を醸し出してもらえると、仕事がきつい時、経営環境が厳しい時なども、暗い気持ちが吹き飛びます。社長は人を見るのが得意で、「ちょっとつらそう」という社員がいたら、必ず一声かけています。コミュニケーションのとり方がとても上手だなと思います。僕は社長から叱られたことはありません。「頼んだよ、よろしくね」はしょっちゅう言われていますが(笑)。

ものづくりの現場は厳しいイメージがありますが、僕は入社以来、パワハラのようなものを受けたことも一切なく、歴代の社員の方々からは本当にかわいがってもらいました。とても満足度が高いまま今に至っているので、「会社を辞めたい」と思ったことは一度もありません。

工場長として工場を率いる立場になっているので、これからもみんなを引っ張って、明るい雰囲気をつくっていきたいですね。忙しい社長がなかなか矢口工場に来られなくても安心していられるよう、僕が中心となり、矢口工場のみんなを盛り上げながら頑張っていきたいです。(談)

私が見る
〝町工場の星〟
6

諏訪貴子社長の姉
谷恵理子さん

内気な妹がこんなに変わるとは…

貴子とは9歳違いです。子どもの頃から性格は正反対でした。姉の私がやんちゃで落ち着きがないのに対し、妹の貴子は真面目で物静か。思ったことも口にしないようなおとなしいタイプでした。小学生の頃も中学生の頃も、家ではいつ見ても勉強ばかりしていたんですよ。絵に描いたような優等生でした。

今も、基本的に貴子はおっとり、まったり。私が突っ込み役です。仕事の時と私といる時では、モードが全く違うと思います。

先日、初めて貴子の講演を聞きに行った時はびっくりしました。300人ぐらい集まった聴衆の前で、テキパキと場を仕切りながら立て板に水のように話しているし、途中で「写真タイム」を設けて「今、撮っていいですよ！」と言ったりしている。内気な子だったのに、大勢の人の前で堂々と話し、めちゃくちゃ明るい（笑）。見たことのなかった一面で、「そんなキャラクターだったのか」と新鮮でした。

その日は講演を主催した企業の社長さんも聴講に来ていました。講演後に貴子と話している時には満面の笑みで、「きっと貴子のことをすごく気に入ったのだなあ」と思いながら見ていました。私と一緒に講演を聞きに行った方も、あっという間に貴子のファンになって、後日、長文のファンレターを送っていました。明るく、気さくに振る舞い、会う人や話を聞く人の心をつかんでいる様子が見て取れました。

政府の重要会議のメンバーを務め、政財界の大物たちとしっかりコミュニケーションをとっているのも「度胸がある」と感心します。子どもの頃とは様変わりで、何でも口に出して言えるようになったのは、良いことだと思います。

たぶん、外ではちょっと演じている部分もあるのでしょうね。先代の父が明るく気さくで天真爛漫な人だったので、社長として、それを真似ているのかもしれません。社長になってから20年間、ベースにある人格や人間性は変わりませんが、自分をプロデュースしながら進化、成長する努力を続けてきたのだろうと思います。

とはいえ、今でも妙に気が小さいところもあります。出演したテレビ番組などを自分では見返すことができず、私に「見ておいて」と言うんです。後から「変なこと言ってなかった?」と確認がきます。自分で見ればいいのに。出演するほうがよっぽど緊張すると思うんですけどね。

私は昔も今も、ダイヤ精機にはたまに顔を出すぐらいです。父が急逝した時、私は技術のわかる貴子か貴子の夫が社長になるのがいいと思っていました。貴子が2代目に決まった時には、「良かった」と思いました。父の遺志を知る家族が継ぐのが一番安心ですから。

厳しい経営状況にあったダイヤ精機を貴子が継ぎ、リストラをしたり経営改革をしたり、苦労しながら再生を果たしたわけですが、実は、私はその過程をリアルタイムには知りませんでした。

当時、私は千葉県に住んでいて、簡単には会社や実家に来られなかったし、たまに電話で話をしても、貴子が愚痴をこぼしたり、弱音を吐いたりすることは一切なかった。職人さんたちに技術力があることはわかっていたので、「なんとかうまくやっているのだろう」と勝手に解釈していました。

後になって貴子が書いた『町工場の娘』を読んで初めて、ダイヤ精機が存続の危機に瀕していたこと、ベテラン社員さんたちとの間に確執があったことなどを知りました。頑張ってよく乗り越えたと思います。

今、ダイヤ精機に顔を出すと「会社が若返った」と実感します。私が顔や名前がわかるのは、昔から働くベテラン社員5人ぐらいです。知らない顔が本当に増えました。ダイヤ精機のような中小企業で、どんどん新しい子が入り、辞めずに定着しているというのは素晴らしいことです。頑張って人材育成に力を注いできた成果ですよね。

創業家の一員として、ダイヤ精機にはこれからも若い社員が継続的に入社し、一層繁栄して社会に貢献する存在であり続けることを願っています。ダイヤ精機のような会社がなければ、日本のものづくりは成り立ちません。社名も技術もきちんと残り、進化しながら、ダイヤ精機にしかできない役割を果たしていってほしいですね。

問題は3代目をどうするかですが、80歳までは貴子が突っ走れるんじゃないかな（笑）。あと25年以上ありますが、元気だし、いけると思いますよ。（談）

［第3章］私のセルフプロデュース術

父の急逝により、専業主婦だった私がダイヤ精機の2代目社長になってから20年が経った。

20年前には若輩の2代目社長だった私だが、様々な経験を積んだ今では、代替わりが進んだ大田区の町工場の中で「先輩格」になっている。経営について相談を受けたり、アドバイスを求められたりする機会も増えた。

そして、今では大田区だけでなく日本全体の町工場や中小企業を代表する役回りを務めるようにもなった。

これまでに経済産業省産業構造審議会や政府税制調査会、中小企業政策審議会、岸田文雄内閣の新しい資本主義実現会議といった日本経済の中枢に位置づけられる組織の委員を拝命してきた。また、2022年には日本郵政の社外取締役にも就任した。2024年6月には、日本テレビホールディングスと日本テレビ放送網の社外取締役にも就く予定だ。

大田区の小さな町工場の社長にすぎない私が、なぜこれほどの重責を担うようになったのか。それは私が女性経営者として、中小企業経営者として、自分自身をうまくプロデュースしてきたからではないかと思う。この章では、私が実践してきたセルフプロデュースの方法を紹介したい。

常にパイオニアを目指してきた

「パイオニアになりたい」——

私は常にそう思いながら動いてきた。

女性経営者としてのパイオニア。

中小企業経営者としてのパイオニア。

2代目社長としてのパイオニア。

私が置かれたあらゆる立場で、他社・他者に先駆けて物事を進める開拓者となることを目指した。

ダイヤ精機を継いだ時、自動車業界の町工場で2代目の女性社長は、知る限り、私しかいなかった。「自分がロールモデルになる」という思いで、新しい取り組みに果敢にチャレンジしてきた。その結果、ダイヤ精機も、その経営者である私も、一定の存在感を発揮できるようになった。

ノミの心臓に毛が生えている

国の中枢に位置づけられるような組織で、中小企業や町工場を代表する立場に立つというのは、大変な重責である。当然、緊張感もプレッシャーも大きい。「自分の身には不釣り合いなのではないか」という思いもよぎる。

だが、私は〝ノミの心臓に毛が生えている〟タイプ。臆病なくせに、変に度胸がある。せっかく声をかけていただいたなら、チャレンジしてみたい。与えていただいたチャンスは逃したくない。

「大変そうな役回りだけど、思い切ってやってみたい！」

そう感じた時、私が自分自身を鼓舞するために頭に浮かべるキーワードがある。

「スケールアップ」だ。

上を目指し、あえてその場に身を置くことで初めて得られるものがある。「自分自身をスケールアップするために、思い切ってこの場に飛び込もう」と考えるのだ。

与えていただいた重責を担うには、自分も勉強せざるを得ない。背伸びしながら挑む経験はかけがえのないもので、必ず成長につながる。

スケールアップを念頭に置き、チャレンジすることを決断する時には、自分の中の「リミッター」を外すことも必要になる。

リミッターとは、無意識のうちに、「私なんかにはできない」「とても無理だ」と行動や思考を制限してしまう心を指す。それを打ち破るのだ。

実際、私が担う役回りの中には、普通なら「到底できない」と尻込みしてしまうようなものが多い。

例えば、新しい資本主義実現会議は、岸田政権が発足以来目指してきた「成長と分配の好循環」の具体策を話し合うために設置されている。岸田政権の目玉となる取り組みで、議長は岸田首相自身が務める。

委員には、十倉雅和・日本経済団体連合会会長、小林健・日本商工会議所会頭、芳野友子・連合会長、新浪剛史・経済同友会代表幹事、松尾豊・東京大学大学院工学系研究科教授など、各界の大物たちが名を連ねている。

会議の席順はあいうえお順だ。私は十倉会長と、「日本の資本主義の父」と呼ばれ、新一万円札の顔でもある渋沢栄一氏の玄孫、渋沢健・シブサワ・アンド・カンパニー代表に挟まれる。

「ただの町工場の社長にすぎない人物が、どうしてこの場にいるのか」。そう思う人がいてもおかしくない。私自身も、ふとした瞬間、「とても足を踏み入れられない」と感じてしまうことがある。

スケールアップのためにリミッターを外す

そこで、必要なのがリミッターを外すことだ。

まず、考え方を変える。「私には無理だ」「とてもではないが、自分にはできない」と尻込みしそうになるところを、あえて「この役回りができるのは私だけだ」と〝思い込む〟のである。

思い込みの核となるのは、自分の信念だ。

今、私は「日本の中小企業を活性化する」という信念に基づいて動いている。「中小企業の活性化」は、私が人生を賭けて実現すると心に決め、追求しているテーマだ。周囲からどんなに陰口を叩かれようと、批判されようと、この大義に基づいていることであれば、挑戦すると決めている。

「町工場の経営者として、20年間の経験を積んできた」

「中小企業の本質を知っているのは私しかいない」

「中小企業を活性化するためには、自分が出て行って発信すべきだ」

こう考えることで、リミッターを外す。

リミッターを外し、実際にこうした重要会議に参加すると、一流の経済学者やグローバル企業経営者らの視座の高い、また視野の広い考えや意見に触れられ、とても刺激になる。中小企業の経営者の関心というのは「今」「自分の会社」に集中しがちだ。ところが、こうした会議では「未来」や「世界」をテーマに白熱した議論が繰り広げられる。

私も「議論についていけるようにならなくてはいけない」と思うから、一生懸命勉強しようと考える。新しい資本主義実現会議の委員を務める時には、マルクスの『資本論』にも目を通した。確実に自分のスケールアップにつながっていると感じる。

「まあ、なんとかなる」は魔法の言葉

もう1つ、リミッターを外すうえでは、あえて頭を空っぽにすることも必要だ。「アホになる」のだ。

もちろん、できる準備はしっかりすることが必要だ。そのうえでアホになる。

「これだけ準備したから大丈夫！」

「まあ、なんとかなる！」

「まあ、いいか！」

あえて軽く捉える。実際、これまでも、そうやって乗り切った場面が多々ある。

一般に、女性は几帳面で真面目なタイプが多い。せっかくチャンスを与えられても、「自分がその役割を務められるだろうか」と突き詰めて考えてしまいがちだ。あれこれと思い悩んだ末に思い切った決断ができず、結果的にチャンスを逃してしまうことも多いのではないだろうか。

「まあ、なんとかなる」は、そんな思考を断ち切る魔法の言葉だ。「私なんかにできる

だろうか」と思うような役割が回ってきた時こそ、「まあ、なんとかなる！」「まあ、いいか！」と声に出し、思い切って飛び込み、経験する。思い切って飛び込むことを決めたら、「よし、楽しもう！」という気持ちを持つ。

スケールアップを念頭に様々な場に飛び込む。そのためにリミッターを外す――。

これは私が実践してきた重要なセルフプロデュース術の1つだ。

私は「日本の中小企業を活性化する」という信念に基づいて行動している。この信念を持つようになったのは、ダイヤ精機の社長に就任して3年が経った2007年にさかのぼる。

実は、専業主婦から社長に転じた時、私の中には「3年もてばいい」という思いがあった。全くの経営の素人が3年間社長を担うことができれば、「あの娘もよく頑張った」とそれなりに評価してもらえるだろうと考えたのだ。

そして、実際に経営再建のための「3年の改革」をやり遂げ、長く続いていた経営難から脱し、収益を安定させると、私の中で社長を続けるモチベーションが一気に低下した。

その後も経営者として奮闘するためには、自分を駆り立てる大義名分が必要だった。

その時に思いついたのが、父の夢だった中小企業の活性化だ。

父は商工会議所の大田支部会長を務め、大田区のものづくり復活に意欲を燃やしていた。志半ばで急逝し、復活した姿を見られなかったのは心残りだったに違いない。その父の遺志を引き継ぎ、強い町工場、強い中小企業をつくるために活動することには大きな意義がある。小さな町工場の社長にすぎない私にも、中小企業経営者のモチベーションを上げ、中小企業を元気づけることはできるかもしれないと考えた。

中小企業の活性化につながることなら、何にでも挑戦する。他社が参考になるような自社の取り組みは積極的に公開する。講演も数多くこなす。そういうことを自分に課した。

社長に就任した翌年に生産管理システムの導入を決めた際も、当初から「他の中小企業が真似できるようなもの」を想定していた。

かつてのダイヤ精機と同様、中小企業の多くは情報システムを使った生産管理ができていない。中小企業にとって、生産管理システムは収益改善に極めて有効なツールだ。多くの経営者に理解し、活用してほしいと、私はシステム全面刷新直後の2006年から、ダイヤ精機の取り組みを公開した。

リーマンショックで多くの中小企業が倒産や廃業の憂き目に遭った時、「私がもっと頑張って生産管理システムを普及していれば、生き残れる企業があったはず」「救えるはずの企業を救えなかった」と悔しくてたまらなかった。そんな後悔はもうしたくない。

日本の企業の9割は中小企業だ。日本経済の成長のため、日本が元気になるため、中小企業の活性化は欠かせない。この信念に基づけば、中小企業経営者の代表という立場で政府の経済政策に関わる委員を引き受けないという選択肢はない。

テレビ出演もスケールアップのチャンス

スケールアップを念頭に置き、引き受けているのは政府の重要会議ばかりではない。テレビ番組なども同じだ。

私は時折、ニュース番組や情報番組から声をかけていただき、ゲストやコメンテーターとして出演することがある。株価、為替といった経済の問題に加え、企業不祥事、紛争、災害など、世の中で起きるありとあらゆる出来事に対して、機転を利かせて、中小企業経営者代表という立場で発言しなくてはならない。発信力や咄嗟の対応力が求められる。

中でも、自分をスケールアップするうえでこれ以上ないと思う番組がＮＨＫの「日曜討論」だ。

どんなニュース番組や情報番組も、たいていは事前にスタッフや司会の方と打ち合わせを行ったり、台本が用意されたりする。それらによって、全体の流れがわかり、どこでコメントが求められるかといったことも確認できる。

ところが、日曜討論だけは、打ち合わせも台本も一切ない。生放送の1時間番組だが、用意されているのは議論すべきテーマだけ。事前に「どうなる？　日本経済」といったテーマを提示され、それに対し、当日のゲストが意見を出し合い、多角的に議論し合う。完全にぶっつけ本番だ。

発言を求められた時には、内容を1分半以内にまとめて話す必要がある。着席したテーブルの前にはランプが設置され、持ち時間が終わる30秒前になると点滅を始める。20秒前、10秒前と時が進むにつれて点滅が早くなる。生放送特有の緊張感の中で、意見をまとめきるスキルが求められる。

緊張感もプレッシャーも、他の番組とは比較にならないほど大きい。それでも、「スケールアップの絶好のチャンス」と捉え、引き受ける。

経験の蓄積が自信につながる

前日の土曜日には、自分で質問を想定し、台本をつくっておく。どんな質問が来ても、自分の主張を漏れなく伝えられるよう準備しておくのだ。

準備を万端に整えても、当日になればやはり緊張する。

「嫌だ、出たくない」

「もうこのまま帰りたい」

迎えに来てくれたタクシーの運転手さんに子供のように泣き言を言う。

「大丈夫ですよ」

「なんとかなりますよ」

NHKに向かう道中、ずっとそう慰められる。

この緊張は直前まで続く。だが、本番30秒ほど前にスタジオに入り、着席すると、途端にノミの心臓から毛が生えてくる。

「十分準備してきたから大丈夫！」

「どんな質問でも来い！」

急に腹が据わる。これまで様々な場に思い切って飛び込み、多様な経験を積んできたことが、自信につながっているのだろう。

政府の重要会議やテレビ番組など、緊張感の高い場で、決まった時間内に話したり、臨機応変に対応したりするスキルは、主婦時代、結婚披露宴の司会のアルバイトで身につけたものだ。人生に無駄はないとつくづく感じる。

麻生元首相への直訴がきっかけに

小さな町工場の社長にすぎない私が、様々な大役を任されるようになったきっかけは２００９年にさかのぼる。

当時の麻生太郎首相が大田区を訪ね、中小企業経営者との意見交換会を開いた。大田区長や東京商工会議所大田支部会長、区内の経営者数人が集まったこの意見交換会に、なぜか私も呼んでもらった。

私にはこの機会にぜひ首相に訴えたいことがあった。2008年12月に運用が始まった「雇用調整助成金（中小企業緊急雇用安定助成金）」のことだ。

雇用調整助成金はリーマンショック後の不況の中、労働者の失業を防ぐために国が企業に対して実施した支援措置の1つだ。従業員の休業、教育訓練、出向を行う企業に対し、手当や賃金の一部を助成するものだった。

しかし、私は対象企業の要件に不都合があると感じていた。

当時、「売上高または生産量の直近3カ月の月平均値が、その直前3カ月または前年同期に比べ5％以上減少している」ことなどが対象企業の要件とされていた。2008年に制度ができた当初は、この要件で問題はなかった。だが、2009年の段階では、「前年同期」を基準としてしまうと、リーマンショック後の需要激減期よりもさらに売上高や生産量が5％以上減っていないと、助成金が受け取れないことになる。

リーマンショック後の景気低迷の中、何とか経営を立て直そうと受注拡大に奮闘した中小企業は多い。このままの基準では、そういう中小企業の努力が報われなくなってしまう。実態に合わせて、要件の変更が不可欠だと感じていた。

「麻生首相に訴えたい」と意気込んで臨んだ意見交換会だったが、会は厳粛なムードで進んでいった。若輩者の私が発言できる雰囲気ではなく、30分ほどの会議の間、ついに口を開くことができなかった。

意見交換会が終了した後、「このまま何も言わずに帰ったら絶対に後悔する」と思った私は、勇気を振り絞って立ち上がった。退室しようとドアの方に進んでいた麻生首相に向かって叫んだ。

「麻生首相、直訴させてください！」

何事かと驚いた首相のＳＰが慌てて私の方に駆け寄り、腕をつかんで制止した。部屋を退出しかかっていた麻生首相は、私の呼びかけに気づいて足を止め、近づいてきてくれた。

「雇用調整助成金のことでお願いしたいことがあります。対象企業の要件ですが……売上高や生産量の基準年が前年同期で……そのままでは対象にならない企業が多いのです」

私の訴えはしどろもどろだったが、首相に随行していた経済産業省の官僚が私の訴えの意図をくみ取り、口添えしてくれた。すぐに内容を理解した麻生さんは「よし、わかった、わかった。それは必ず俺が見直しをさせるから」と約束してくれた。

その後の衆議院議員選挙で大敗した麻生政権は退陣を余儀なくされた。だが、私の訴えは引き継がれ、その年の12月に雇用調整助成金の要件は緩和された。

経産省の担当者からは、「諏訪さんの直訴が通りました」と連絡があった。霞ヶ関では「首相にも臆することなくものを言う女性」という評判が広まったようだ。

それ以来、私は歴代の首相に意見を言う機会をいただけるようになった。

２０１１年には、当時の野田佳彦首相が中小企業の現状を知りたいとダイヤ精機に視察に訪れた。その際も、日頃から思っていたことを野田首相に直接訴えた。

「今までの国の中小企業政策は『大きな中小企業』向けで、我々のような零細企業には光が当たってきませんでした。これからは国内の大部分の雇用を支えている小規模企業にもぜひ目を向けてもらいたいです」

この訴えは、後に全国の小規模企業の代表者が政府に求める支援策を話し合う「〝ちいさな企業〟未来会議」の発足という形で実った。

目立たなければ主張は通らない

同じく２０１１年、経産省から産業構造審議会委員就任の声がかかった。産業構造の改善、産業政策の在り方など重要事項を調査・審議する会の一員になったことは、２０１２年に「ウーマン・オブ・ザ・イヤー」を受賞するきっかけにもなった。

野田政権を引き継いだ安倍晋三首相には、同じ成蹊大学の同窓生ということもあり、特に目をかけていただいた。こうした歴代の首相とのつながりが、政府税制調査会特別委員や新しい資本主義実現会議委員への就任にも影響したのだろうと思う。

日本人は人とコミュニケーションをとる時に、相手の反応や顔色をうかがって言葉を選ぶことが多い。「この話はしてはいけないだろう」と空気を読むことも多々ある。だが、私はコミュニケーションというのは、もっと自分本位でいいと思う。私は相手が誰であっても、自分の思いをストレートに伝えるようにしている。

「首相への直訴など図々しい」「身の程知らず」と思う人もいるかもしれない。だが、心から「伝えたい」と思うことがあるならば、抑える必要はないと思う。いい意味で目立たなくては、自分の主張は通らない。そうすることが中小企業の代表として選ばれている私の役目だとも思っている。

新しい世界に思い切って飛び込み、その場で思ったことを発言できるのは、私の個性であり強みだ。ネガティブに受け取る人からの雑音が聞こえてきても気に留めず、「受け流す」「割り切る」ようにしている。

誰に対しても、思ったことを率直に口にすることは、人との距離を縮めるうえでも重要だと考えている。

新しい資本主義実現会議の場でも、何度か印象的な出来事があった。

会議終了後には、いつも岸田首相が委員たちを回り、一人ひとりと会話をするのが慣例となっている。初回の会議の後、近づいてきた岸田首相に向かって私はこう言った。

「総理、私は外務大臣を務めていらした頃から、きっと総理大臣になられるだろうと思っていました！」

整列した多くの委員たちが無難な挨拶をしている中、想定外の〝ぶっちゃけ発言〟で周囲は笑いの渦に包まれた。岸田首相も笑っていた。この出来事をきっかけに、ほかのメンバーの方々にもに目をかけていただき、より親しくお話をさせていただくようになった。

２０２３年４月の会議も印象的だ。

この日は会議の冒頭から物々しい雰囲気に包まれていた。10日ほど前、岸田首相が選挙応援で和歌山県の漁港を訪ねた際、演説の直前に筒状の爆発物が投げ込まれるという事件が起きていたからである。岸田首相は現場から避難し、ケガはなかった。だが、一歩間違えば大惨事になりかねなかった。

〝素〟を引き出したコミュニケーション

その日の会議後、私のもとに岸田首相が来た時、事件を話題にした。

「総理、この前は大変でしたね。ご無事で何よりでした。心配してたんですよ！」

事件についてはすでに多くの人と話しているはず。「ありがとうございます。ご心配おかけしました」といったありきたりのやり取りで終わるだろうと思っていた。

ところが、岸田首相からは意外な反応が返ってきた。

「いや、あれ、本当にびっくりしたよね。後ろを振り向いたら何か落ちててさ。煙が出ていたから、すぐに爆弾だってわかったんだよ。あのままずぐに爆発したら、危なかったよね…」

いつも冷静沈着なイメージの岸田首相が素に戻ったように、ジェスチャー付きで饒舌に話し始めた。

現場にいた当事者にしかわからないリアルな話が飛び出したことに興味を抱いたのか、他の委員たちも集まってきた。いつの間にか、私は岸田首相とともに輪の中心にいた。

首相を狙ったテロという重大事件で、命に関わる内容でもあり、それまで周囲の方たちは遠慮したのか、気を使ったのか、一種のタブーのように捉え、誰も話題にしなかったようだ。思いがけず事件の話をされて、岸田首相も思わず素のままに話し始めたのかもしれない。

岸田首相の人間味あふれる姿に触れ、個人的にもとても親近感が増した。この時に親しくコミュニケーションをとることができたことで、他の委員との距離もぐっと縮まり、つながりが強まったように思う。

岸田政権の「新しい資本主義実現会議」のメンバーにも

「思ったことを口に出して許されるのは、女性だからだ」

そう捉える人がいるかもしれない。もしそうなら、私は女性である特権を存分に生かしたい。それも私の個性であり強みの一部だ。「表」の会議の場で、意見をしっかり言うのはもちろんだが、「裏」の場でもコミュニケーションを積極的にとる。そして、引き続き中小企業経営者代表として発言できる機会をつくる。これも私自身のプロデュース術だ。

年間80回の講演会も全力で

私は今、年間80回ほど講演を行っている。この講演も自分にとってのスケールアップの機会と捉えている。

ダイヤ精機では、２００５年に生産管理システムの全面刷新を行った。「同じような境遇にあるほかの町工場にも勝ち残ってほしい」という思いで、外部に対しても積極的にシステム導入のメリットを訴えようと、講演を行うようになった。システム導入の話と合わせて、「3年の改革」で実践した経営手法も伝える内容とした。

その後も、講演では人材育成、ＤＸ、サイバーセキュリティー教育など、ダイヤ精機が取り組んできた経営の内容をすべて明かしている。

「独自の取り組みで経営体質を強化したのに、ノウハウを公開したら他社も同じように強くなってライバルが増えてしまうのではないか？」

そう聞かれることがあるが、ライバルが増えるのは大歓迎だ。

私が講演などで公開したダイヤ精機の取り組みを他の中小企業が導入すれば、それらの企業の経営力はどんどん底上げされていく。私が現状にあぐらをかき、今のままの経営を続けているだけでは、ライバルに追いつかれ、ダイヤ精機が勝ち残ることはできない。さらに上を目指し、試行錯誤することが必要だ。

講演を行うことは、自らを差し迫った状況、切羽詰まった状況に追い込むことでもある。それが「先頭を切って、また新しいことに挑戦しよう」と私自身を、そしてダイヤ精機を奮い立たせる原動力になる。

厳しいアンケート結果を見て一念発起

講演そのものも、年を経るとともにブラッシュアップしてきている。

講演を始めたばかりの頃、中小企業診断士向けに話をする機会があった。ダイヤ精機での取り組みや私の経営論をつぶさに語った。

後日、講演会の来場者に対して行ったアンケート結果を見せてもらった時、私は大きなショックを受けた。

「何の役にも立たない講演だった」

「講師が上から目線で生意気だ」

「全くつまらなかった」

アンケート結果には、辛辣なコメントが並んでいたのである。予想外の手厳しい反応だった。

悔しくて、アンケート用紙をぐしゃぐしゃに丸めてゴミ箱に捨てた。だが、少しして、思い直した。ゴミ箱から紙を拾い出し、もう一度、広げた。

「厳しいコメントを書いた人たちは、講演会に何を求めていたのだろう?」

「彼らが『良い講演だった』と満足して帰るにはどうすればいいのだろう?」

アンケートに書かれていることをすべて読み直し、考えた。

その時に気づいたのは、講演も論文と同じで、最初に示した結論が「自分に合わない」と感じた瞬間に興味を失ってしまうということだった。

その頃は、「原価管理や進捗管理はこうすればうまくいく」という事例をたくさん紹介するのが実用的で喜ばれると思っていた。だが、それでは聞き手はつまらなく感じてしまうようだった。

ストーリー性、ドラマ性を重視

一念発起し、講演内容を全面的に改めることにした。少しでも興味を持ってもらえるよう、実用性よりも、エンターテインメント性を重視する。ドラマ仕立て、ストーリー仕立てにして、その中で1つでもヒントになるような実用的なポイントがあれば満足してもらえるのではないかと考えた。

結婚式の司会のアルバイトをしていた時に言われていたのは、「親族でも誰でもいい。3回泣かせることができたら成功。『良い結婚式だった』と評価してもらえる」というものだった。そこで、私の講演は来場者の誰でもいいから、1回泣かせ、2回笑わせるものを目指した。

テレビ番組の「ガイアの夜明け」などを参考に、「主婦から突然社長になった町工場の娘」というドラマ性、ストーリー性のある講演内容に変更した。その中に、自分の経営論やダイヤ精機の経営手法を混ぜていった。

あらかじめ、ハードルを下げておく工夫もした。

「世の中にはいろいろな講演があります。すぐにみなさんの会社に応用できるような要素が詰まった講演もあるでしょう。私の講演は違います。これからお話しすることは、すべて私の経験談で、1つの事例にすぎません。業種も違う、抱えている課題も違う皆さんに、私の話が当てはまるとは思いません。ただ、1時間半という時間の中で、何か1つだけでも、考え方なり、ヒントなりを見つけてお持ち帰りいただければ幸いです。それもなかったら、元気だけもいいのでどうぞお持ち帰りください」

あえて、期待値を低くしておいたうえで講演を始める。そうすると、「ヒントは1つではなくたくさんあった」とプラスに受け止めてもらえる。「私の話は役に立つから聞いてください」という姿勢で臨むよりも、高く評価してもらえることが多い。

こうして内容を変えて以来、講演の評価はぐんと上がった。評判が評判を呼び、求められる機会が増えていった。

スタッフと一緒に受付に立つ

数年前からは、講演のスタッフの方たちとのコミュニケーションを密にとることも心がけている。

講演会の講師は通常、開会までの時間を控え室で過ごす。主催する企業や団体のスタッフとは、その場で挨拶を交わすだけだ。ともに講演会という1つのイベントの成功を目指すチームであるはずなのに、これでは物足りないと感じていた。

そこで、開会前にスタッフと一緒に受付に立ち、来場者を迎え入れるようにしてみた。すると、控え室でじっと待っているより緊張もほぐれる。来場者に「いらっしゃいませ」と声をかけるので、発声練習の代わりにもなる。良いことづくめだ。

ある講演会では、私の息子と同じ「ダイキ」という名前のスタッフがいた。

「ダイキくんね。息子と同じ名前だよ。今日はよろしくね！」

「ダイキ、講演の10分前になったら教えてね」

「私のダイキ、どこに行っちゃった？」

こんな具合にスタッフの方たちとコミュニケーションをとることで、和気藹々と楽しい時間を過ごすことができる。受付に立つ講師は珍しいから、スタッフの方たちにも喜んでもらえる。「今日の講演会を絶対に成功させたい」という思いで、それぞれの役割を精一杯、務めてもらえる。

来場者に気づかれることはほとんどない。誰も、まさか講師自身が受付にいるとは予想していないからだろう。講演会のチラシなどに私の顔写真は載っている。受付の机に、私の著書『町工場の娘』が置いてあることも多い。それでも声をかけられるようなことはない。来場した年配男性に「この本、面白いのかな」と聞かれ、「面白いと思いますよ」と答えたこともあるぐらいだ。

最近は受付に立つだけでなく、講演が始まる15分前ぐらいに会場に入り、特に後方の席を回って着席している来場者に声をかけることもしている。

「今日はどうしてこの講演会に来たのですか？」

「今日の講師のことは知っていますか？」

「どんな内容の講演を期待していますか？」

こんな風に尋ねながら、「後ろの方の席だからと言って、寝ないでくださいね。後ろの席も、壇上からは結構よく見えるんですよ」「お昼過ぎで眠くなると思うけど、頑張って聞いてくださいね」などと話す。

すると、「え、講師の方なのですか？」「もしかして講師？　じゃあ、コーヒーたくさん飲んで頑張って聞くよ」と返ってくる。中には、「諏訪さんのファンです」と言ってくださる方もいる。そういう方とは、一緒に記念の写真を撮ると、とても喜んでもらえる。

こういうちょっとしたコミュニケーションをとるだけで、来場者に「講師の話を一生懸命聞こう」という気持ちになってもらえる。

後方の席を中心に会場を回るのにはワケがある。講演をしている時、〝気〟は後ろから前に流れてくる。後ろの方に着席している人が寝ていたり、つまらなさそうにしていたりすると、全体の空気が淀んできてしまうと感じるのだ。

淀んだ空気の中で話をしていると、自分自身の気持ちも落ちてしまう。講演前に会場を回り、来場者とコミュニケーションをとるのは、それを防ぐためでもある。

講演会開催直前になったら、会場回りを切り上げる。一緒に受付に立ったスタッフの方たちに、「皆さん、よろしくお願いします。では行ってきます」と頭を下げて舞台袖に向かう。スタッフの方たちも「お手伝いいただきありがとうございました。頑張ってくださいね！」と温かく送り出してくれる。

わずか30分ほどでも「一緒に仕事をした」という連帯感が生まれることを感じる。

ライブと同じ一体感が重要

受付に立ち、会場回りをしたエピソードは、講演にも反映させる。

冒頭で「先ほど、受付に立たせていただいていましたが…」といった一言を添えるだけで、講師がいることに気づいていなかった人も、「え、そうなの？」と驚き、関心を持つ。

「今日は女性の来場者が多くいらっしゃいます。これからは会社を継ぐ女性も増えてくると思いますので、参考にしていただきたいと思います」

「先ほど、会場を回っている時にリクエストがあったので、今日はダイヤ精機の人材確保と育成の部分に時間を割いてお話しします」

こういう一言を加えると、来場者は講演を一気に「自分ごと」と捉える。

実は、私は毎回の講演内容をきっちり原稿にして固めるということはしていない。もちろん、話す内容はある程度決まっている。だが、受付で把握した来場者の属性や会場回りで聞き取った話などを基に、強調する部分、長く話す部分などを臨機応変に変えている。

講演会はライブやコンサートと同じ。講師から一方通行で情報を押しつけるだけでは良いものにならない。来場者やスタッフと一体感を醸成してこそ、熱のある良い講演会となる。会場でのコミュニケーションは、その重要なポイントだと考えている。

講演会を数多くこなすうち、「講演会も会社経営と同様、マネジメント力が問われる」と感じるようになった。

会社経営では社員一人ひとりに目を配りながら、組織が今どういう状態にあるかを把握し、トップである自分がどうするべきかを考えて行動に移す必要がある。講演会でも来場者一人ひとりに目を配り、求められているものを把握し、それに応えられるような情報を的確に発信しなくては満足してもらえない。

会社経営と違うのは、来場者の方たちとは一期一会、その場限りのご縁ということだ。設定された講演時間が勝負で、その時に心をつかむことができなければ、挽回のチャンスはない。集まっているのも、よく知った社員ではなく、初めて出会う方ばかりだ。

ある意味で会社経営よりも難易度が高い。曲がりなりにも経営を続けてきたからこそできることだし、また逆に講演会で磨いたマネジメント力を会社経営に還元することで、また成果を生むことにもつながると考えている。

迷う女性たちの背中を押す

講演を始めた当初、来場者は男性ばかりだった。それが徐々に女性が増えてきた。

「父に勧められて講演会に来ました」

「取引のある金融機関から紹介されました」

私のように家業の2代目、3代目になることを念頭に置いてか、こう打ち明ける女性もいる。ダイヤ精機のような製造業に限らない。運送業、小売店、クリーニング業など様々だ。

私の本を読み、ドラマ「マチ工場のオンナ」を見たうえで来る方も多い。

「本を読んでとても勇気づけられました」

「諏訪さんを見て会社を継ぐことを決意しました」

そう言ってくださる方もいる。悩み、迷っていた女性たちの背中を押すことができたのなら、こんなにうれしいことはない。

講演で私が語れるのは自分がやってきたことだけで、それが正解とは限らない。会社によって、経営者によって、経営の仕方は違うはずだ。「自分に合う」「うちの会社に取り入れられる」と思えば、参考にしてもらえればいい。違う方法を見つけたのであれば、それを遂行していけばいい。

景気という言葉には「気」の文字がある。人の心が問題なのだと思う。講演によって、中小企業の経営者に「うちの会社でもできそうだ」「私もやってみよう」と活力を与えるのが私の役目だと捉えている。最終的に、その元気が中小企業の活性化につながることを期待している。

各種の経営賞を受賞したり、「ウーマン・オブ・ザ・イヤー」に選ばれたりと、私がメディアに頻繁に取り上げられるようになった頃から、周囲に嫉まれ、嫌みを言われることも出てきた。

ライバル会社の幹部と一緒にエレベーターに乗り込んだ時、背後から「女だから目立つんだよな」「いい気になりやがって」という声が聞こえてきたことがある。面と向かって「親の七光り」と言われたこともある。

最初のうちは、一つひとつの言葉に傷つき、落ち込んでいた。だが、ある時から、私はネガティブな思考を排除できるようになった。それは、本を読んでいる時に、シェークスピアの「世の中には幸も不幸もない。考え方次第だ」という言葉に出合ったことがきっかけだ。

ダイヤ精機の社長に就任した後、経営再建のため、リストラを断行したり研修や改善運動などを行ったりしたが、その都度、社員から強い抵抗や反発に遭った。

「会社を良くするため、社員を守るためには、絶対にこれが必要なのに、なぜわからないのだろう」

「こんなに考えて決断しているのに、どうして反発ばかりするのか」

心の中に「なぜ」「どうして」という不満や鬱憤がたまっていった。

そんな私を救ったのがシェークスピアの言葉である。世の中には「絶対に悪いこと」もなければ、「絶対に良いこと」もない。何事も考えようだと気づいたのである。

専業主婦では到底味わえないような貴重な経験をたくさん積んでいる。

一緒に頑張っていこうとしている社員に囲まれている。

自分の置かれた立場と環境を考えたら、とても幸せなことだと思えた。以来、何事も前向きに見ることができるようになった。

「大きくなあれ」で受け流す

嫌みを言われた時には、自分の器を大きくすることを意識して、「大きくなあれ、大きくなあれ」と呪文のように唱える。

私がメディアへの露出を高めているのは、ダイヤ精機の知名度を向上するという狙いがある。「自分が会社の広告塔になる」と決めてやっていることなのだから、誰からも批判されるような話ではない。

相手の立場に立って、悪口を言う理由を考えると、底には「悔しい」という気持ちや「うらやましい」という思いがあるのだろうとも推測できる。そう分析してからは、中傷されても傷ついたり落ち込んだりすることはなくなった。「親の七光」という言葉には、「私、光っているということですよね。光栄です」と切り返し、「女だから」と言われたら、「女に生まれて本当に良かったです」と言い返せるようになった。

経営者というのは、何をしても批判を受けるものだ。会社にずっと居続ければ、社員から「うちの社長はトップセールスもせずにただ会社にいるだけだ」と言われる。留守にすれば、「会社を全然見てくれない」と言われる。

頑張って売り上げを増やしたり、利益を出したりしても、褒められることはない。何をやっても賞賛されることはなく、批判される立場なのだと認識すれば、何も恐れることはない。自分の信念を持ち、それに従うことこそが大事だ。そうしないと、何にもチャレンジできず、やりたいことができなくなってしまう。

社長になってから20年で、私は何を言われても受け流し、自分の信念を貫く強さを身につけることができた。そんな私でも、時には「ちょっと言い過ぎた」「あの言葉は良くなかった」と思う場面がある。そういう時、自分の精神状態をリセットするのは「まあ、いいか！」という言葉だ。

ネガティブな感情をいつまでも引きずるのは精神衛生上、良くない。あえて大きな声で「まあ、いいか！」と口に出し、自分を納得させるようにしている。

つらい時こそ成長のチャンス

私は「つらい時こそ成長のチャンス」と捉えている。

経営者としては、リーマンショックもコロナ禍も半導体不足もつらい経験以外の何物でもなかった。今振り返っても、絶体絶命のピンチだった。だが、そういう時でも、私は「よし、きた！」と前向きにピンチに立ち向かおうと考えてきた。

過去を振り返れば、つらいこと、大変なことほど、後から考えると良い思い出になっているものだ。

中学や高校の同窓会に行った時に盛り上がるのは、「部活のあの練習はきつかった」とか、「試験で赤点を取って大変だった」という話題だ。その時は必死。だが、時間を置いて振り返ると、一種の武勇伝のように語り合える。笑ってそれを話せた時には、大きな困難を乗り越え、成長した自分がいる。

ダイヤ精機はリーマンショックでも、コロナ禍でも、需要が大きく減ってしまう危機的状況に陥った。その時も、「この苦しい状況がずっと続くことは決してないはず。今はピンチだけど、来年の今頃は『あの時は大変だったね』と笑って言える」と信じていた。

苦しい時、社長が「どうしよう」と暗い顔をしていたら、社員は不安になる。社長が落ち込めば、社員も落ち込む。

「大丈夫、大丈夫。2~3年後には笑える思い出になるから」と言って前を向く。そうすることで俄然、力が湧いてきて、普段以上のパフォーマンスを発揮できるのだ。

そういう私も2017年頃には過去最大のピンチに直面した。元気で前向きなことが取り柄の私が、心身の不調に直面したのである。

更年期の始まりでホルモンバランスがやや悪くなり、自律神経が乱れてしまったのかもしれない。母の介護なども重なり疲労が蓄積していたことも影響したのだろう。貧血の症状が出るようになっていた。

パニック障害で最大のピンチに

ある日の講演会で話している途中、急に息苦しさを感じ、動悸やめまいに襲われてしまった。「聴衆の前で倒れるわけにはいかない」と、この日は台にしがみつきながら、なんとか最後まで話し切った。

だが、次の講演でも、「また途中で動悸やめまいに襲われたらどうしよう」という不安が高まり、同じような症状が出てしまった。今の私の「表の顔」を見ている人には信じられないかもしれないが、私は元来、内向的で引っ込み思案な性格だ。子どもの頃は極度の人見知りで、人前で話すのが苦手なタイプだった。

徐々に性格は変わっていったが、おそらく本質的な部分は残っているのだと思う。この時期、ホルモンバランスや自律神経の乱れとともに、本来持っていたそういう性質が表に出てきてしまったのかもしれない。

それまで、自信満々でこなしていた講演だったが、「もともと私は人前で話すのが苦手だった」と思い出すと、さらに症状は悪化した。病院で治療を受けようと、初めは婦人科を受診した。だが、「大きな問題はありませんよ」「死ぬことはないから大丈夫です」「しばらくすれば治るでしょう」と軽くあしらわれてしまった。

セカンドオピニオン、サードオピニオンを求め、いくつかクリニックを訪ねた。最終的にはパニック障害と診断した心療内科に通い、治療を受けた。カウンセリングを受け、医師から「今まで、1人でよく頑張ってきましたね」と言われた時には涙があふれた。

ドクターストップがかかり、決まっていた講演会は薬で何とか乗り越え、先の予定は入れないようにした。知らない人と話すと、動悸が激しくなったりするため、取材なども一切受けるのをやめた。

処方された薬を服用すると、2週間ほどで症状が落ち着いてきた。半年ほど治療を続けた結果、パニック障害は治まった。

私は30代の頃、ストレス耐性テストを受けたことがある。その時、「ストレス耐性が高く、メンタルの不調は出にくい」という結果が出たことから、「自分は強い」「心の病気にかかることはない」という変な自信を持っていた。その私でも、十数年後にはこういう状態に陥った。

経営者にとって心身の健康は何物にも代え難い。メンタル不調は環境の変化、体調などで誰にでも起こり得る。「自分は大丈夫」と思い込まず、頑張りすぎないことが重要だ。

そして、少しでも異変を感じたら、すぐに専門の医師に相談することが大切だろう。私も最初に受診した婦人科の方針に従い、何も治療せず放置していたら、今も不調は続いていたかもしれない。セカンドオピニオン、サードオピニオンを貪欲に求める姿勢を持つことが必要だ。

一度きりの人生、「今を楽しむ」

パニック障害という最大のピンチを経験したことをきっかけに、私は自分の人生の歩み方を見直すことにした。人生は一度きり。「今を存分に楽しむ」ことに集中したいと考えた。

〝卒婚〟を決断したのはこの頃だ。

私は性格的に几帳面で真面目なところがある。それまで、「良妻賢母でいなくてはいけない」という呪縛があって、家庭においても頑張りすぎていたのだと思う。知らず知らずのうちに、夫婦として暮らすことが負担、負荷となっていたのかもしれない。夫の海外赴任などで離れて暮らしていた時間も長く、2人の価値観や感覚にズレが生じているとも感じていた。息子が20歳を迎えていたということもあり、婚姻関係を解消し、お互いに、身軽になって自分らしく生きていくことを決めた。

「今を楽しむ」ため、当然、仕事には全力を注ぐ。それ以外にも興味のあること、好きなことには余すことなく情熱を傾けている。

その1つが趣味のバレエだ。

私がバレエを始めたのは、社長になって半年ほど経った32歳の時だ。経営者の孤独を味わい、ストレスを感じていた頃、スポーツクラブのスタジオでクラシックバレエを楽しんでいる女性たちを見て、「私もやってみたい」とすぐに入会した。以来、週に数回のレッスンを続けている。

バレエのレッスンを受けている間は、音楽に合わせて手や足をどう動かすか、ポーズをどう決めるかしか考えないから、仕事のことが頭からすっぱり消える。経営者は24時間経営者で、会社のことが頭から離れることはないが、バレエをしている間だけは、頭を空っぽにできて、心身のリフレッシュに実に効果がある。

大人になってから、初心者で始めた私だが、今では発表会の時にはトゥシューズを履いて男性ダンサーとパ・ド・ドゥ（男女２人の踊り）を踊っている。

コロナ禍でしばらく開けなかった発表会だが、２０２１年11月に再開してから毎年参加し、パ・ド・ドゥを披露している。毎回、いろいろなチャレンジがあり、本番はもちろん、練習している間も本当に楽しい。

ジャンプやリフトも多くなる男性との踊りには、ひときわ体力とスタミナが必要だ。足腰への負担が減るよう、体重も10キロ以上減らした。体力勝負のパ・ド・ドゥが踊れるのはあと10年ほどだろう。「今しかできない」ことであり、動ける間は全力で楽しみたい。

自分のためにお金を使おう

もう1つ、今、興味を持ち、楽しんでいるのがファッションだ。

40代後半で直面した心身の不調を乗り越え、50歳を迎えた時に、「人生の分岐点」だと感じた。それまでは子どもの教育費用なども頭にあったが、息子が社会人になったこともあり、「自分のためにお金を使おう」と思うようになった。

講演会はもちろん、テレビに出演したり、パーティーに参加したりと、今は人前に出ることも多く、着るものには気を使う。

60歳を過ぎて、仕事を辞めた後に良い服を着てもあまり意味がない。

「今しか着られない」

「今の自分だから似合う」

そんな服にチャレンジすることを楽しんでいる。

好きな海外ブランドのショップには折を見て顔を出す。店員さんが「諏訪さんに絶対に似合うと思います」と服を取り置きしておいてくれることもある。スパンコールを一つひとつ手縫いしたスーツもそんな一着。一目見て気に入り、購入を即決した。

脳科学者の方に聞いた話がある。

「憧れのタワーマンションを買ったが、住宅ローンで日々の生活はギリギリ。生活用品は100円ショップばかりでまかなっている」というのも、「大変なお金持ちだけれど生活は極めて質素。お金を貯めることだけが趣味」というのも、幸せとは言えないというのだ。

それぞれが身の丈に合った自分なりの幸せを見つけることが大事ということだろう。私も今できる範囲で、興味のあることにお金を投じたい。

今を存分に楽しみ、常に生き生きと過ごし、輝く自分でいるように努めることも、私なりの大事なセルフプロデュースだ。

いつでも「ありがとう」を伝える

ダイヤ精機を率いる上で、私が大切にしていることが2つある。

1つは笑顔でいること。もう1つは、社員に対して「ありがとう」という感謝の言葉を口にすることだ。

ある脳科学者の方から、「そのやり方は大正解」とお墨付きをいただいた。

「褒めて伸ばす」という言葉があるが、人間関係においては、「褒める」「褒められる」という関係は、上下関係を固定化してしまうことにつながるという。

例えば、小さい子供が絵を描いたとする。親がそれを「上手ね」と褒める。そうすると子供はうれしく感じ、「また褒められたい」と思って絵を描く。それを続けるうちに、好きで描いていたはずの絵が、自然と「親に褒められるために描くもの」になる。こういう上下関係の下では、絵を描く行為もやがてはストレスになってしまう。

職場でも同じことが起きる。仕事で社長から褒められれば誰でもうれしい気持ちになる。次も「褒めてもらえるような仕事をしよう」という意識が刷り込まれる。それは次第にストレスになっていくのだという。

「ありがとう」と感謝を伝える間柄なら、上下関係ではなく対等な関係を構築できる。対等な関係の下では、誰もがストレスなく、気持ちよく、楽しく仕事ができる。

「これ納品してくれたんだね。ありがとう」

「この仕事を担当してくれたの？　助かったよ。ありがとう」

「売り上げ目標を達成できたね。ありがとう」

私は常に感謝の気持ちを伝えている。

「ありがとう」の言葉は、この10年ほどで格段に増えた。それまで私よりも年上のベテラン社員が多かったため、リスペクトの思いとともに仕事ぶりを称えることが多かったように思う。しかし、若手社員が増えたことで、自然と「ありがとう」の気持ちが膨らむようになった。

毎朝「いいことあるかな?」と口にする

脳科学に興味がある私は、以前『脳の取扱説明書』という本を読んだことがある。そこには「毎日朝、『今日は何かいいことあるかな?』と言葉に出して言うと、脳はいいことを探すようになる」という話が書いてあった。「ダイエットしよう」と思い立つと、ダイエットの広告や記事が目につくようになる。それと同じ原理だろう。

その話を読んで以来、私は毎朝、「今日は何かいいことあるかな?」と口に出すことを実践している。「いいこと」への感度を高くできるよう、アンテナを張り巡らせるのだ。

そうすると、実際、小さなことでも「いいこと」を見つけられるようになる。1日の終わりには、「今日もたくさんいいことがあった！」と思えて、「たくさんいいことにあふれている私はなんて幸せなのだろう！」という前向きな気持ちになる。

こうした習慣が身についているからか、今の私は、本当に毎日楽しく幸せに過ごすことができている。

前述のように、かつて、社長就任から半年ほどで経営者の孤独にさいなまれた時には、シェークスピアの「世の中には幸も不幸もない。考え方次第だ」という言葉に救われた。

以来、私は「何事も考え方次第、悪いように考えなければいい」と、ネガティブな思考は排除するようになった。「大変」や「苦労」は自分で基準を決めて、自分でそういう状態に据えているだけ。大変とも苦労とも思うことをやめればいい。

人生に「失敗」はない。これは私の信念だ。失敗という言葉を使うと、自分自身の気持ちもネガティブな方向に傾いてしまう。会社でも私生活でも、失敗と言わないようにしている。

他人から見れば、失敗に見えることもたくさんあるかもしれない。だが、私はそうは捉えない。成長のために必要なプロセスだったと受け止める。

私にとっての失敗は「ダイヤ精機という会社をなくしてしまうこと」だけ。それ以外は失敗に当たらない。

「おかみさん」のように見守る

少し前に「ＡＩに負けない人間になるには」というテーマで講演する機会があった。

ＡＩ技術は日進月歩で進化を遂げている。２０４５年には人類の知能を超える「シンギュラリティ」を迎えるともいわれる。ＡＩが人間の仕事を奪う「ＡＩ失業」もしばしば話題になる。

では、私たちがＡＩに負けない仕事をして、ＡＩに負けない人間になるにはどうすればいいのだろうか。ChatGPTで調べてみた。そこで出てきたのが以下の7要素だ。

1．創造性と想像力を持つこと

2．高度なコミュニケーション能力
3．エンパシーと感情認識
4．経験値と知識の蓄積
5．リーダーシップと意思決定力
6．倫理性と社会的責任
7．健康的なライフスタイル

人間はこの7要素を組み合わせながら成長を図ることが重要だという。いずれも人間ならではの要素だ。改めて、この7要素を見ると、私自身が力を注ぎ、取り組んできたことに重なると気づく。

経営の軸にコミュニケーションを置き、社員ともコミュニケーションを密にとってきた。

大手自動車部品メーカーで2年間働いた後に町工場の社長を20年務め、経験と知識を積み重ねてきた。

私なりのリーダーシップを発揮しながら決断もしてきた。

私はかねて、自分のダイヤ精機での役どころを「おかみさん」だと捉えてきた。相撲部屋のおかみさんのように、社員を見守り、サポートする。「ついて来い」という強いリーダーシップで「引っ張る力」を発揮するのではなく、「支える力」、つまり「フォロワーシップ」に重きを置くのである。こうした経営スタイルは、「サーバント・リーダーシップ」に当たると指摘を受けたこともある。

私は社長に就任してからの20年間、自分自身のスケールアップを心がけ、セルフプロデュースしてきた。そうしてつくり上げ、磨き上げてきた個性や強みは、他の人にはない私だけのものと自負している。この個性や強みを持ち続ける限り、ＡＩにも決して負けることはないだろう。

夢は「諏訪塾」とユーチューバー

社長を引退した後の私自身の夢は２つある。

１つは「諏訪塾」の開設だ。

今、私は年間80回ほど講演の機会を頂いている。ダイヤ精機が取り組んできた経営手法を明かし、他の中小企業にも役立ててもらいたいという思いから、地方にも積極的に足を運ぶ。

だが、私の体力にも限界がある。以前は1日のうちに午前・午後と2回の講演を行ったこともあるが、今はとても無理だ。先日、3日連続で講演を行った際には後々まで疲労が残ってしまった。これからは講演の数も、少しずつ減らしていかざるを得ないだろう。

そこで、「話を聞きたい」「悩みを打ち明けたい」「アドバイスがほしい」という中小企業経営者とオンラインでつながり、直接語りかけられるような会員制の私塾を運営したいと考えている。

そこでは、私が取得した上級心理カウンセラーの資格も役に立つのではないか。

本来、カウンセリングは「カウンセラーがどこの誰か」はわからはない状態で行うものだから、私が行うのは正確にはカウンセリングとは言えない。だが、家族にも友人にも相談することができず、孤独感を抱えがちな経営者たちに寄り添い、少しでも心を軽くしてあげるお手伝いができたらうれしい。

もう1つの夢は、ユーチューバーになることだ。

中小企業の経営者は自分たちの会社の強みに意外と気づいていない。私が企業を回り、「ココがすごい」というところを見つけて動画で紹介する。「中小企業紹介」のユーチューバーになるのだ。

日本企業の9割を占め、日本の労働人口の7割が勤める中小企業を元気にしたい。そして日本を元気にしたい——。

その思いを胸に刻みながら、これからの人生を走り続けるつもりだ。

おわりに

皆様、このたびは『町工場の星』をお読みいただき、ありがとうございました。私の最初の著書『町工場の娘』の発刊から約10年、またこのような形で皆様にお会いできることは驚きとともに大変うれしく感じております。

とにかく3年頑張れば周囲も「あの娘は素人なのによく頑張った」と言ってもらえると思い始めた社長業ですが、気がつけば今年で満20年となりました。この節目で『町工場の星』を出版できたことをうれしく思い、関係者の皆様に深く感謝申し上げます。

この本では主に社長に就任して10年後から現在に至るまでを書きました。前の本と違うのは、ライターの小林佳代さんに社員さんたちのインタビューをしてもらったことです。

「なぜ社員さんたちは辞めないんですか?」とよく質問されますが、

私は社員さんではないので、わかりませんでした。今回のインタビューでみんなの本音を聞いて「へえ、そうなんだ！」「うちの社員さんたちはすごいな」って、改めて思いました（笑）。

今回は写真にもこだわりました。本扉の桟橋の写真は、私の20年の道のりを表しております。撮影した日は、波が激しく押し寄せる中、それを飛び越えながら、びしょ濡れになって桟橋の奥まで走りました。まるで私の人生みたいだなと思いながら。いくつもの波を乗り越え、そして今がある。走っている時、過去の様々な出来事を思い出し、「いろいろあったけど、本当に楽しかった20年！」と感じました。そして、そこに後悔は1つもありませんでした。あの時こうしていればよかったとか、思ったことがないからだと思います。

経営者は常に前に進まなければなりません。どの局面のどの判断も、私の最善であったと自分を認めているからだと思いました。だから、今でもこうして元気に「経営者の自分」を楽しんでいるんだなって思います。

最後の略歴のところに載せたオフショットの写真には、皆様と一緒に笑顔でこれからも歩いていきたいという思いを込めました。世は変革期に入り、中小企業にはまだまだ厳しい状況が続いております。それでも、常に前を向き笑顔を忘れず、新しいことにチャレンジしてほしいと思っております。女性経営者というと、強いイメージを持たれがちですが、いつもの私はスイッチがオフになると、真逆の性格です。私が「天然な人だなー」と思っている友人から「諏訪さんって天然ですよね！」と言われ、「えっ！　私ってド天然だったの？」と思いました。こんな私でも何とか社長をやってきていますので、本当に皆様にはいろいろなことにチャレンジして人生を楽しんでほしいという願いを込めています。

また、今は「女性の活躍推進」ということで、女性が様々なところで活躍しています。ただ、女性というのは、年齢や環境で悩みは多種多様です。だから、今回は私自身の内面についても赤裸々に触れさせていただきました。少しでも、この本が皆様のお役に立てるのであれば幸いです。

現在、ダイヤ精機はお客様をはじめ、多くの方々に支えられております。この場を借りて深く感謝を申し上げます。また、私を育ててくれた天国にいる両親、今でも支えてくれている息子や姉に感謝します。これからの10年は私の集大成の10年になるでしょう。私自身、勉強をしなければならないことがたくさんありますし、まだまだ成長したいとも思っております。どうぞ皆様、今後ともお力添えのほど、よろしくお願い申し上げます。そして、また10年後を楽しみにしていただけたら幸いです。

ダイヤ精機社長　諏訪貴子

町工場の星

「人が辞めない最高の職人集団」全員参加経営の秘密

2024年5月27日　第１版第１刷発行

著　者　諏訪貴子
発行者　中川ヒロミ
発　行　株式会社日経ＢＰ
発　売　株式会社日経ＢＰマーケティング
〒105-8308　東京都港区虎ノ門4-3-12
https://bookplus.nikkei.com/
デザイン　フロッグキングスタジオ
写真　稲垣純也（カバー、本文）
上田徹（本扉、カバー著者近影）
編　集　村上広樹
制　作　アーティザンカンパニー
印刷・製本　中央精版印刷

ISBN978-4-296-00175-0　Printed in Japan

本書籍に関するお問い合わせ、ご連絡は下記にて承ります。

https://nkbp.jp/booksQA